普通高等教育国家级精品教材

普通高等教育"十一五"国家级规划教材

"十二五"高等学校计算机教育规划教材

Linux 基础及应用

（第二版）

谢　蓉　编著

中国铁道出版社有限公司

CHINA RAILWAY PUBLISHING HOUSE CO., LTD.

内 容 简 介

本书以当前流行的 CentOS 的较新发行版本为基础，全面介绍 Linux 的桌面应用、系统管理和网络服务器等方面的基础知识和实际应用。

本书共分 9 章，内容涉及 Linux 概况、安装与删除 Linux、X Window 图形化用户界面、字符界面与 Shell、用户与组群管理、文件系统与文件管理、进程管理与系统监视、网络基础、网络服务器等。本书内容丰富、结构清晰、通俗易懂、实例众多，每章均配有小结和习题，并配套出版《Linux 基础及应用习题解析与实验指导（第二版）》教材，提供相应的实训内容。

本书适合作为普通高等学校应用型本科计算机相关专业的教材，也可作为 Linux 培训及自学教材，还可作为计算机网络管理和开发应用专业技术人员的参考书。

图书在版编目（CIP）数据

Linux 基础及应用 / 谢蓉编著. —2 版. —北京：中国铁道出版社，2014.7（2022.1重印）
普通高等教育"十一五"国家级规划教材 普通高等教育国家级精品教材 "十二五"高等学校计算机教育规划教材
ISBN 978-7-113-18548-0

Ⅰ . ①L… Ⅱ . ①谢… Ⅲ . Linux 操作系统-高等学校- 教材 Ⅳ . ①TP316.89

中国版本图书馆 CIP 数据核字（2014）第 096116 号

书　　名：Linux 基础及应用
作　　者：谢　蓉

策　　划：王春霞
责任编辑：王春霞　彭立辉
封面设计：付　巍
封面制作：白　雪
责任校对：王　杰
责任印制：樊启鹏

出版发行：中国铁道出版社有限公司（100054，北京市西城区右安门西街 8 号）
网　　址：http://www.tdpress.com/51eds/
印　　刷：三河市宏盛印务有限公司
版　　次：2008 年 6 月第 1 版　　2014 年 7 月第 2 版　　2022年1 月第 11 次印刷
开　　本：787mm×1092mm　1/16　印张：14.75　字数：351 千
印　　数：25 501～27 500 册
书　　号：ISBN 978-7-113-18548-0
定　　价：39.00 元

第二版前言

  Linux 是由 UNIX 发展而来的多用户多任务操作系统。它不仅稳定可靠，而且具有良好的兼容性和可移植性。随着 Linux 技术和产品的不断发展和完善，其影响和应用日益广泛，特别是在中小型信息化技术应用中，Linux 系统正占据越来越重要的地位。

  基于此种原因，我们主要针对计算机类专业学生编写本书，旨在帮助学生掌握 Linux 的相关知识，提高实际操作技能，特别是利用 Linux 实现系统管理和网络应用的能力。

  CentOS 公司推出的各 Linux 发行版本是目前最为普及的 Linux 发行版本。本书以 CentOS 6.5 为蓝本，全面介绍 Linux 的基本知识、系统管理和网络应用等技术。

  本书共分 9 章，各章节具体内容如下：

  第 1 章 Linux 概况，主要介绍 Linux 的基础知识，其中包括 Linux 的起源、主要特点、发行版本、应用现状与前景以及基本原理等；第 2 章安装与删除 Linux，以 CentOS 6.5 为蓝本介绍安装 Linux、启动与登录 Linux，以及删除 Linux 的方法；第 3 章 X Window 图形化用户界面，主要介绍桌面环境下 Linux 的基本使用方法，包括 GNOME 桌面环境，以及桌面环境设置与系统设置的相关内容；第 4 章字符界面与 Shell，主要介绍 Linux 字符界面的使用基础，其中包括 Shell 的基本功能、部分常用的 Shell 命令，以及 Linux 的屏幕文本编辑器 vi；第 5 章用户与组群管理，主要介绍用户与组群管理的相关内容；第 6 章文件系统与文件管理，介绍文件系统与文件的基本概念、Linux 中可使用的文件系统类型与 Linux 的目录结构，以及文件系统与文件管理的相关内容，其中包括移动存储设备的使用方法；第 7 章进程管理与系统监视，主要介绍进程与作业管理，系统监视的相关工具与 Shell 命令；第 8 章网络基础，介绍网络配置的主要参数和相关文件、利用网络命令和工具进行网络配置的方法，以及网络服务器软件、守护进程的管理等相关知识；第 9 章网络服务器，主要介绍 Linux 中 Samba 服务器、DNS 服务器、WWW 服务器和 FTP 服务器的配置文件和配置方法。

  本书由谢蓉编著，参与资料整理和制作的人员包括林毅、陈和平、谢安祥、唐金雁、袁碧珍、王会、师劲松、田劲、钟大群、李永照、曾巍、刘炯、侯其圣、肖立刚、刘小平、于峰、徐进杰、曾斐、陈苑清、陶洪、彭邦杰等，特别感谢汪燮华教授、徐方勤副教授、王秀英副教授对本书编写所给予的支持和帮助。

  本书适合作为普通高等学校应用型本科计算机相关专业的教材，也可作为 Linux 培训及自学教材，还可作为计算机网络管理和开发应用专业技术人员的参考书。

  由于时间仓促，编者水平所限，疏漏与不足之处在所难免，恳请广大读者批评指正。

编 者

2014 年 5 月

第一版前言

Linux 是由 UNIX 发展而来的多用户多任务操作系统。它不仅稳定可靠，而且具有良好的兼容性和可移植性。随着 Linux 技术和产品的不断发展和完善，其影响和应用日益广泛，特别是在中小型信息化技术应用中，Linux 系统正占据越来越重要的地位。

基于此种考虑，我们主要针对计算机类专业学生编写此书，旨在帮助学生掌握 Linux 的相关知识，提高实际操作技能，特别是利用 Linux 实现系统管理和网络应用的能力。

Red Hat 公司推出的各 Linux 发行版本是目前最为普及的 Linux 发行版本。本书以 RHEL Server 5 为例，全面介绍 Linux 的基本知识、系统管理和网络应用等技术。

本书共分 10 章，各章节具体安排如下：

第 1 章 Linux 概况。主要介绍 Linux 的基础知识，其中包括 Linux 的起源、主要特点、发行版本、应用现状与前景以及基本原理等。第 2 章安装与删除 Linux。以 RHEL Server 5 为例介绍安装 Linux、启动与登录 Linux，以及删除 Linux 的方法。第 3 章 X Window 图形化用户界面。主要介绍桌面环境下 Linux 的基本使用方法，其中涉及 Linux 的 GNOME 和 KDE 两大桌面环境、Nautilus 和 Konqueror 两种文件管理器的使用，以及桌面环境设置与系统设置的相关内容。第 4 章字符界面与 Shell。主要介绍 Linux 字符界面的使用基础，其中包括 Shell 的基本功能、部分常用的 Shell 命令，以及 Linux 的屏幕文本编辑器 vi。第 5 章用户与组群管理。主要介绍用户与组群管理的相关内容。第 6 章文件系统与文件管理。介绍文件系统与文件的基本概念、Linux 中可使用的文件系统类型与 Linux 的目录结构，以及文件系统与文件管理的相关内容，其中包括移动存储设备的使用方法。第 7 章进程管理与系统监控。主要介绍进程与作业管理，系统监视的相关工具与 Shell 命令。第 8 章应用程序。介绍最常用的 Linux 应用程序，其中包括办公软件 OpenOffice.org、图像处理软件 GIMP、网页浏览器 Firefox 等。第 9 章网络基础。介绍网络配置的主要参数和相关文件、利用网络命令和工具进行网络配置的方法，以及网络服务器软件、守护进程的管理等相关知识。第 10 章网络服务器。主要介绍 Linux 中 Samba 服务器、DNS 服务器、WWW 服务器和 FTP 服务器的配置文件和配置方法。

本书由谢蓉负责编写和定稿，参与资料整理和制作的人员包括陈和平、谢安祥、唐金雁、袁碧珍、王会、师劲松、田劲、钟大群、李永照、曾巍、刘炯、侯其圣、肖立刚、刘小平、于峰、徐进杰、曾斐、陈苑清、陶洪、彭邦杰等。

本书适合作为高等院校相关专业的教材，也可作为高职高专相关专业、Linux 培训及自学教材，还可作为计算机网络管理和开发应用的专业技术人员的参考书。

由于作者水平所限，疏漏之处在所难免，恳请广大读者批评指正。

编　者
2008 年 4 月

目录

第 **1** 章　Linux 概况

　　Linux 是当前最具发展潜力的计算机操作系统之一，Internet 的旺盛需求正推动着 Linux 的热潮一浪高过一浪。自由与开放的特性，加上强大的网络功能，使 Linux 在 21 世纪有着无限广阔的应用前景。本章主要介绍 Linux 的概况，包括操作系统的发展历程、Linux 的特点与版本、Linux 的应用现状与前景、Linux 的系统结构以及基本原理等相关内容。

本章要点

- 操作系统的发展历程；
- Linux 简介；
- Linux 版本；
- Linux 应用现状与前景；
- Linux 系统结构；
- Linux 基本原理。

1.1　操作系统的发展历程

　　为了清楚地了解 Linux 的出现对计算机世界的重要影响，首先回顾一下操作系统发展史上的几个重要阶段。

1.1.1　服务器专用的 UNIX 操作系统

　　UNIX 操作系统于 1969 年由美国贝尔实验室 K.Thompson 和 D.M.Ritchie 开发完成，是真正意义上的多用户多任务操作系统。UNIX 的商业版本包括 SUN 公司(现被 Oracle 公司收购)的 Solaris、IBM 公司的 AIX、惠普公司的 HP-UX 等。UNIX 性能相当可靠且运行稳定，至今仍广泛应用于银行、航空、保险、金融等领域的大中型计算机和高端服务器。但是，UNIX 也有致命的弱点，那就是作为可靠稳定的操作系统，其昂贵的价格，把个人用户拒之于千里之外，使其无法应用于普通家庭。

1.1.2　简便易用的 Windows 操作系统

　　从 20 世纪 80 年代开始，随着计算机硬件和软件技术的发展，计算机逐步进入千家万户。一系列适合个人计算机的操作系统也应运而生，其中微软公司的产品便是其中最杰出的代表。从 MS DOS 到 Windows，从 Windows 95 到 Windows 8，Windows 系列操作系统提供给用户人性化的图形用户界面，使得操作非常简捷方便。但是，这类操作系统在商业与技术上的垄断性在一定程度上也影响了信息技术的普及与发展。

1.1.3　GNU 与自由软件

1984 年，麻省理工学院的研究员 Richard Stallman 提出："计算机产业不应以技术垄断为基础赚取高额利润，而应以服务为中心。在计算机软件源代码开放的基础上，为用户提供综合的服务，与此同时取得相应的报酬。"Richard Stallman 在此思想基础上提出了自由软件（Free Software）的概念，并成立自由软件基金会（Free Software Foundation，FSF）实施 GNU 计划。GNU 的标志如图 1–1 所示。

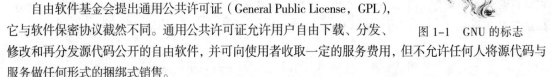

自由软件基金会提出通用公共许可证（General Public License，GPL），它与软件保密协议截然不同。通用公共许可证允许用户自由下载、分发、修改和再分发源代码公开的自由软件，并可向使用者收取一定的服务费用，但不允许任何人将源代码与服务做任何形式的捆绑式销售。

图 1–1　GNU 的标志

开源软件（Open Source Software）于 1998 年由原本属于自由软件基金会的 Eric Raymond 和 Bruce Perens 等人创建。与自由软件相同的是，开源软件在发行时也提供源代码，并授权允许用户更改和发布；但与自由软件不同的是：开源软件允许源代码修改后可以作为闭源的商业软件发布和销售，而自由软件则要求即便是经过用户修改，源代码仍然必须始终保持开源。

免费软件不一定是自由软件或者开源软件，首先免费软件不一定提供源代码，其次免费软件通常会有其他限制，例如使用多天后需要注册缴费等；但当其符合 GPL 协议或者开源协议时，则被认定为自由软件或者开源软件。

目前全世界范围内有无数自由软件开发志愿者已加入 GNU 计划，并已推出一系列自由软件来满足用户在各方面的需求。

1.1.4　Linux 操作系统的出现

1991 年，对于全球计算机界而言发生了一件影响极其深远的事情。芬兰赫尔辛基大学的大学生 Linus Torvalds 为完成自己操作系统课程的作业，基于 Minix（一种免费的小型 UNIX 操作系统）编写一些程序，最后他惊奇地发现自己的这些程序已经足够实现一个操作系统的基本功能。于是，他将这个操作系统的源程序发布在 Internet，并邀请所有有兴趣的人发表评论或者共同修改代码。随后，Linus Torvalds 将这个操作系统命名为 Linux，也就是 Linus's UNIX 的意思，还以可爱的胖企鹅作为其标志，如图 1–2 所示。在众多程序员的共同努力下，到 1994 年 Linux 已经成长为一个功能完善、稳定可靠的操作系统，并依照 GPL 协议进行发布成为自由软件的重要组成部分。

图 1-2 Linux 的标志

随着开发研究的不断深入，Linux 的功能日趋完善，现已经成为世界上主流的操作系统之一。Linus Torvalds 本人并没有因为 Linux 的成功而获得财富，但是他却为世界计算机界树立了良好的典范。

1.2 Linux 简介

1.2.1 什么是 Linux

Linux 是一种类似 UNIX 的操作系统，由 Linus Torvalds 为首的一批 Internet 志愿者创建开发。Linux 从最初就加入了 GNU 计划，其软件发行遵循 GPL 协议，也就是说 Linux 与 GNU 计划中的其他软件一样都是自由软件。虽然目前几乎所有的 Linux 发行版本都可以通过 Internet 下载，除了网络费用和刻录光盘的费用，无须其他花费，但是按照 GPL 协议出品 Linux 的公司和程序员可以通过提供产品升级、故障处理等服务来收取一定的费用。

1.2.2 Linux 的主要特点

Linux 之所以能在短短的 20 多年间得到迅猛的发展，是跟其所具有的良好特性分不开的。Linux 继承了 UNIX 的优秀设计思想，几乎拥有 UNIX 的全部功能。简单而言，Linux 具有以下主要特点：

1. 真正的多用户多任务

Linux 是真正的多用户多任务操作系统。Linux 支持多个用户从相同或不同的终端同时使用同一台计算机，而没有商业软件所谓许可证（License）的限制。在同一时间段内，Linux 能够响应多个用户的不同操作请求。Linux 区别对待不同类型的用户，分别赋予不同的权限和存储空间，而每个用户对自己的软硬件资源（如文件、设备）具备特定的使用权限，相互独立而不会相互影响。

2. 良好的兼容性

Linux 完全符合 IEEE 的 POSIX（Portable Operating System for UNIX，面向 UNIX 的可移植操作系统）标准，兼容现在主流的 UNIX 系统（System V 和 BSD）。在 UNIX 中可以运行的程序，也几乎完全可以在 Linux 中运行，这就为应用系统从 UNIX 向 Linux 转移提供可能。

3. 强大的可移植性

Linux 的可移植性极强，是迄今支持最多硬件平台的操作系统。无论是掌上计算机、个人计算机、小型计算机，还是中型计算机，甚至是大型计算机都可以运行 Linux。

4．高度的稳定性

Linux 承袭 UNIX 的优良特性，可以连续运行数月、数年而无须重新启动。在过去二十几年的广泛使用中，只有屈指可数的几个病毒感染过 Linux。这种强免疫性归功于 Linux 健壮的基础架构。Linux 的基础架构由相互无关的多个层组成，每层都拥有特定的功能和严格的权限许可，从而保证最大限度的稳定运行。

5．漂亮的用户界面

Linux 提供两种用户界面：字符界面和图形化用户界面，如图 1-3 和图 1-4 所示。

字符界面是传统的 UNIX 的界面，用户需要输入命令才能完成相关的操作。字符界面下的这种操作方式不太方便，但是效率很高，目前仍广泛使用。

图 1-3　Linux 的字符界面

图 1-4　Linux 的图形化用户界面

窗口式的图形化用户界面并非是微软的专利，Linux 同样拥有。Linux 的图形化用户界面已整合大量的应用程序和系统管理工具，并可使用鼠标。用户在图形化用户界面下能方便地使用各种软硬件资源，完成各项工作。

1.3　Linux 版本

Linux 实际上有狭义和广义两层含义。狭义的 Linux 是指 Linux 的内核（Kernel），能够完成内存调度、进程管理、设备驱动等操作系统的基本功能，但不包括应用程序。广义的 Linux 是指以 Linux 内核为基础，包含应用程序和相关的系统设置与管理工具的完整操作系统。

截止 2013 年 11 月，Linux 的内核仍由 Linus Torvalds 领导下的开发小组负责开发。因为 Linux

内核可自由获取，并且允许厂商自行搭配其他应用程序，所以不同厂商将 Linux 内核与不同的应用程序相组合，并开发相关的管理工具就形成不同的 Linux 发行套件，即广义的 Linux。因此，Linux 的版本可分为两种：内核版本和发行版本。

1.3.1　Linux 的内核版本

Linux 的内核版本号由 3 个数字组成，一般表示为 X.Y.Z 形式，其中：

- X：表示主版本号，通常在一段时间内比较稳定。
- Y：表示次版本号。偶数表示此内核版本是正式版本，可以公开发行；奇数则表示此内核版本是测试版本，还不太稳定，仅供测试。
- Z：表示修改次数。数值越大，表示修改的次数越多，版本相对更完善。

Linux 的正式版本与测试版本是相互关联的。正式版本只针对上个版本的特定缺陷进行修改，而测试版本则在正式版本的基础上继续增加新功能。测试版本被证明稳定后就成为正式版本，正式版本和测试版本不断循环，从而不断完善内核的功能。

截至 2013 年 11 月，Linux 内核的版本号为 3.12。Linux 内核版本的发展历程如表 1-1 所示。

表 1-1　Linux 内核的发展历程

内核版本	发布日期
0.1	1991 年 11 月
1.0	1994 年 3 月
2.0	1996 年 6 月
2.2	1999 年 1 月
2.4	2001 年 1 月
2.6	2003 年 12 月
3.0	2011 年 7 月
3.12	2013 年 11 月

1.3.2　Linux 的发行版本

目前，Linux 发行版本的数量已达数百种之多，并且还在不断增加。但是，无论何种发行版本都同属于 Linux 大家庭，任何发行版本都不拥有发布内核的权利。发行版本之间的差别主要在于包含的软件种类及数量的不同。常见的 Linux 发行版本如表 1-2 所示。

表 1-2　主要 Linux 发行版本简介

商　标		简　要　说　明
redhat	简介	Red Hat 是全世界最著名的 Linux 发行版本，由美国的 Red Hat 公司发行。Red Hat 公司能为客户提供完善的服务和技术支持
	最新产品	2013 年 11 月发行 Red Hat Enterprise Linux 6.5
	网址	http://www.redhat.com
CentOS	简介	CentOS 是基于 Red Hat Linux 的，可自由使用源代码的企业级 Linux 发行版本，其与 Red Hat Linux 同步更新，目前应用极为广泛
	最新产品	2013 年 12 月发行　CentOS 6.5
	网址	http://www.centos.org/
fedora	简介	Fedora 项目是由 Red Hat 公司赞助，并依靠网络社区维护的开源项目，其目标是推动自由软件和开源软件快速进步，更新非常快
	最新产品	2013 年 12 月发行 Fedora 20
	网址	http://fedoraproject.org

续表

商　标	简　要　说　明	
	简介	凭借优秀的图形化桌面环境以及自行研制的图形化配置工具，Mandriva（原 Mandrake）成为 Linux 界易用、实用的代名词
	最新产品	2013 年 2 月发行服务器版 Mandriva Business Server 1
	网址	http://www.mandriva.com
	简介	SUSE 是历史最悠久的 Linux 发行版本之一，在欧洲具有广泛的影响力
	最新产品	2013 年 7 月发行 SUSE Linux Enterprise 11 SP3
	网址	http://www.suse.com
	简介	Debian 完全依靠 Internet 上的 Linux 爱好者开发维护，其包含的应用程序最为丰富
	最新产品	2013 年 10 月发行 Debian GNU/Linux 7.2
	网址	http://www.debian.org
	简介	Ubuntu 以桌面应用为主，且提供智能手机版本，是目前较为活跃的 Linux 发行版本
	最新产品	2013 年 10 月发行 Ubuntu 13.10
	网址	http://www.ubuntu.com/
	简介	中科红旗 Linux 是中国本土开发的较有影响的 Linux 发行版本
	最新产品	2013 年 3 月发行　Red Flag Linux inWise 8
	网址	http://www.redflag-linux.com

　　发行版本的版本号随发布组织的不同而有所不同，并与内核的版本号相对独立。各种 Linux 发行版本各有所长，应根据实际需求来决定使用哪种发行版本，以获得最佳的效果。

1.4　Linux 应用现状与前景

　　目前，全球 Linux 用户已超过千万人，并正在不断增加，许多知名企业和大学都是 Linux 的忠实用户。IBM、HP、Dell、Oracle、AMD 等计算机公司大力支持 Linux 的发展，不断推出基于 Linux 平台的相关产品。

　　Linux 的应用范围主要包括桌面、服务器、嵌入式系统和集群计算机等四方面。

1.4.1　桌面

　　桌面曾经是 Linux 的弱项。Linux 承袭 UNIX 的传统，字符界面下使用 Shell 命令就可以完全控制计算机。不过，为方便用户的使用，从早期的 Linux 发行版本就开始提供图形化用户界面，但是限于当时的技术，这种图形化用户界面在易用性方面跟 Windows 相比还是有一定的差距，且对应的应用程序选择余地较小。随着 Linux 技术，特别是随着 X Window 领域的发展，Linux 在界面美观、使用方便等方面都有了长足的进步，Linux 作为桌面操作系统逐渐被用户接受。

　　如果说 Linux 在桌面应用领域还处于推广阶段，那么在服务器、嵌入式系统和集群计算机领域，Linux 则非常具有竞争力，并已经建立起相当稳固的地位。

1.4.2　服务器

Linux 服务器的稳定性、安全性和可靠性已得到业界认可，政府、银行、邮电、保险等业务关键部门已长时间大规模使用。作为服务器，Linux 的服务领域包括：

1．网络服务

在 Linux 下结合一些应用程序（如 Apache、Vsftpd、Sendmail 等）就可以提供 WWW、FTP 和电子邮件等网络服务。此外，Linux 系统还被广泛用于提供 DNS、NIS 和 NFS 等网络服务。

2．文件和打印服务

Linux 具有磁盘配额管理功能，可以控制用户对磁盘空间的使用；而借助 Samba 等应用程序，Linux 可以轻松为用户提供文件共享及打印机共享服务。

3．数据库服务

目前，各大数据库厂商均已推出基于 Linux 的大型数据库，如 Oracle、Sybase、DB2 等,特别是 Linux+MySQL 已成为中高端数据库服务器的主要架构方式。Linux 凭借其稳定运行的性能，在数据库服务领域有取代 Windows Server 的趋势。

1.4.3　嵌入式系统

嵌入式系统是目前最具商业前景的 Linux 应用。对于嵌入式系统而言，Linux 有许多不可忽略的优点：

- Linux 具有很强的可移植性，支持各种电子产品的硬件平台。
- Linux 内核可免费获得，并可根据实际需要自由剪裁，符合嵌入式产品按需定制的要求。
- Linux 功能强大且内核极小。一个功能完备的 Linux 内核只要求大约 1 MB 内存，而最核心的微内核只需要 100 KB 的内存。
- Linux 支持多种开发语言，如 C、C++、Java，为嵌入式系统上的多种应用提供可能。

实用性嵌入式 Linux 系统已经开始走入市场。早在 2003 年，摩托罗拉公司就已公开发布全世界第一个嵌入式 Linux 系统的手机——A760。而到 2013 年，Ubuntu 公司则已正式发布面向智能手机的 Ubuntu for Phone 系统，而三星与英特尔也合作推出基于 Linux 的 Tizen 系统用于智能手机。

1.4.4　集群计算机

所谓集群计算机（Cluster Computer）就是利用计算机网络将许多台计算机连接起来，并加入相应的集群软件所形成的具有超强可靠性和计算能力的计算机。目前，Linux 已成为构筑集群计算机的主要操作系统之一。Linux 在集群计算机的应用中具有非常大的优势：

1．极高的性能价格比

Linux 集群计算机的价格是相同性能的传统超级计算机的 10%～30%。构筑高性能的 Linux 集群计算机不需要购买昂贵的专用硬件设备，利用廉价的个人计算机，并加上很少的软件费用就可以获得极强的运算能力。

2．极强的可扩展性

在 Linux 集群计算机中增加单个的计算机就能增加整个集群的计算能力，并不需要淘汰原来的计算机设备，有利于快速扩展集群计算机的计算能力。

经过十多年的发展，基于 Linux 操作系统上的集群技术已相当成熟，且已成为发展高性能、高可靠性计算机系统的主要途径。以全球最强的 500 台计算机为例（数据来自 http://www.top500.org），截至 2013 年 11 月，全世界运行能力最强的 500 台超级计算机中，约 85% 采用 Linux 操作系统，Linux+集群技术已成为最强 500 计算机中最流行的构架系统。其中，中国国防科技大学研制的天河二号（见图 1–5）是目前世界上运行速度最快的超级计算机，也采用 Linux+集群技术。天河二号由 1.6 万多个计算结点组成，采用麒麟 Linux 系统（Kylin Linux），其峰值计算速度为每秒 5.49 亿亿次双精度浮点数运算。

图 1–5　Linux 集群计算机–天河二号

1.5　Linux 系统结构

广义的 Linux 可分为：内核、Shell、X Window 和应用程序四大组成部分，其中内核最为基础、最为重要。各组成部分之间的相互关系如图 1–6 所示。

图 1–6　Linux 的系统结构

1.5.1　内核

内核（Kernel）是整个操作系统的核心，管理着整个计算机系统的软硬件资源。内核控制整个计算机的运行，提供相应的硬件驱动程序和网络接口程序，并管理所有应用程序的执行。内核所提供的都是操作系统最基本的功能，如果内核发生问题，整个计算机系统就可能会崩溃。

Linux 内核的源代码主要采用 C 语言编写，只有与驱动程序相关的部分用汇编语言 Assembly 编写。Linux 内核采用模块化的结构，其主要模块包括：存储管理、CPU 和进程管理、文件系统管理、设备管理和驱动、网络通信以及系统的引导、系统调用等。

Linux 安装完毕后，一个通用的内核就被安装到计算机。这个通用内核能满足绝大部分用户的需求，但也正因为内核的这种普遍适用性使得很多对于具体的某一台计算机而言可能并不需要的内核程序（比如一些硬件驱动程序）也被安装并运行。Linux 允许用户根据自己计算机的实际配置定制 Linux 的内核，从而有效地简化内核，提高系统启动速度，并释放更多的内存资源。

在 Linus Torvalds 领导的内核开发小组的不懈努力下，Linux 内核的更新速度非常快。用户在安装 Linux 后可以下载最新版本的 Linux 内核，编译后升级计算机的内核就能使用到内核最新的功能。

1.5.2　Shell

Linux 的内核并不能直接接收来自终端的用户命令，也就不能直接与用户进行交互操作，这就需要 Shell 这一交互式命令解释程序来充当用户和内核之间的桥梁。Shell 负责将用户的命令"翻译"为内核能够理解的低级语言，并将操作系统响应的信息以用户能够理解的方式显示出来，其作用如图 1-7 所示。

图 1-7　用户、Shell 和内核的关系示意图

用户启动 Linux，并成功登录后，系统就会自动启动 Shell。从用户登录到退出登录期间，用户输入的每个命令都由 Shell 接收，并由 Shell 解释。如果用户输入的命令正确，Shell 就会调用相应的命令或程序，并由内核负责执行，从而实现用户所要求的功能。

Linux 中可使用的 Shell 有许多种，Linux 的各发行版本都能同时提供两种以上的 Shell 供用户自行选择使用。各种 Shell 的最基本功能相同，但也有一些差别。比较常用的 Shell 包括：

- Bourne Shell（又称 B Shell）由贝尔实验室的 S.R.Bourne 开发，并由此得名。B Shell 是最流行的 Shell 之一，几乎所有的 UNIX/Linux 都支持，但是功能较少，用户界面也不太友好。
- C Shell，因其语法类似 C 语言而得名。C Shell 易于使用并且交互性强，由加利福尼亚大学伯克利分校的 Bill Joy 开发。
- Korn Shell（又称 K Shell）也是常见的 Shell，由 David Korn 开发并由此得名。
- Bourne-Again Shell（又称 Bash），是专为 Linux 开发的 Shell。它在 B Shell 的基础上增加了许多功能，同时还具有 C Shell 和 K Shell 的部分优点，是 Linux 默认采用的 Shell。

Shell 不仅是一种交互式命令解释程序，而且还是一种程序设计语言。它与 MS DOS 中的批处理命令类似，但比批处理命令功能强大。在 Shell 脚本程序中可以定义和使用变量，进行参数传递、流程控制和函数调用等。

Shell 脚本程序是解释型的，也就是说 Shell 脚本程序不需要进行编译，就能直接逐条解释，逐条执行源语句。Shell 脚本程序的处理对象只能是文件、字符串或者命令语句，而不像其他的高级语言有丰富的数据类型和数据结构。

1.5.3　X Window

X Window 又称 X 视窗，1984 年诞生于美国麻省理工学院，是 UNIX 和 Linux 等的图形化用户界面标准。X Window 提供的图形化用户界面与 Windows 界面非常类似（见图 1-4），操作方法也基本相同。不过，它们对于操作系统的意义却大相径庭。

Windows 的图形化用户界面与操作系统紧密相连，如果图形化用户界面出现故障，整个计算机就不能正常工作。Linux 在字符界面下利用 Shell 命令以及相关程序就能够实现系统管理、网络服务等基本功能，而 X Window 图形化用户界面的出现一方面让 Linux 的操作更为简单方便，另一方面也为许多应用程序（如图形处理软件）提供运行环境，丰富 Linux 的功能。X Window 图形化用户界面在运行程序时如果出现故障，一般是可以正常退出的，而不会影响其他字符界面下运行的程序，也不需要重新启动计算机。目前，X Window 已经是 Linux 不可缺少的组成部分。

1.5.4 应用程序

Linux 环境下可使用的应用程序种类丰富、数量繁多，包括办公软件、多媒体软件、Internet 相关软件等，如表 1-3 所示。它们有的运行在字符界面，有的运行在 X Window 图形化用户界面。

表 1-3　常用的 Linux 应用程序

类　别	软　件　名　称
办公软件	OpenOffice.org、KOffice
文本编辑器	vi、gedit、Kedit
网页浏览器	Firefox、Opera
邮件收发软件	Evolution、KMail、ThunderBird
上传下载工具	Gwget、gFTP、Downloader for X
即时聊天软件	GAIM、Xchat、Lumaqq
多媒体播放器	XMMS、MPlayer、RealOne
图像查看与处理软件	GIMP、gThumb Image View、Electric Eyes、KuickShow
刻录软件	K3b、Cdrecord

随着 Linux 的普及和发展，Linux 的应用程序还在不断增加，其中不少应用程序是基于 GNU 的 GPL 协议发行的自由软件不需要付费，并向用户提供源代码。用户可根据实际需要修改或者扩展应用程序的功能。这也是越来越多的用户选择使用 Linux 的重要原因之一。

Linux 的应用程序主要来源于以下几方面：

- 专门为 Linux 开发的应用程序，如 GAIM、OpenOffice.org 等。
- 原本是 UNIX 的应用程序移植到 Linux，如 vi。
- 原本是 Windows 的应用程序移植到 Linux，如 Oracle 等。

各 Linux 发行版本均包含大量的应用程序，在安装 Linux 时可以一并安装。当然，可以在安装好 Linux 以后，再安装 Linux 发行版本附带的应用程序，也可以从网站下载安装最新的应用程序。

1.6　Linux 基本管理

Linux 与其他操作系统一样，通过以下管理模块来为用户提供友好的使用环境，实现对整个系统中硬件资源与软件资源的管理。

1.6.1 CPU 管理

CPU 是计算机最重要的资源，对 CPU 的管理是操作系统最核心的功能。Linux 对 CPU 的管理主要体现在对 CPU 运行时间的合理分配管理，有时也称为进程管理。

Linux 是多用户多任务的操作系统，其采用分时方式管理 CPU 的运行时间。也就是说，Linux 将 CPU 的运行时间划分为若干个很短的时间片，CPU 依次轮流处理等待完成的任务。如果每项任务在分配给它的一个时间片内不能执行完，就必须暂时中断，等待下一轮 CPU 对其进行处理，而此时 CPU 转向处理另一个任务。由于时间片的时间非常短，在不太长的时间内所有的任务都能被 CPU 执行到，都有所进展。从用户的角度看来，CPU 在"同时"为多个用户服务，并"同时"处理多项任务。

CPU 的管理还涉及 CPU 的运行时间在各用户或各任务之间的分配和调度，也就是说可以设定程序执行的顺序和优先级，并可在规定的时间和条件下执行指定的任务。Linux 对 CPU 的管理具体体现为进程和作业的调度和管理。

1.6.2　存储管理

存储器分为内存与外存两种：内存用于存放当前执行中的程序代码和正在使用的数据；外存包括硬盘、光盘、U 盘等设备，主要用来保存数据。操作系统的存储管理主要是指对内存的管理。

Linux 在内存管理方面采用虚拟存储技术，也就是利用硬盘的空间来扩充内存空间，从而为程序的执行提供足够的空间。根据程序的局部性原理，任何一个程序执行时，只有那些确实被用到的程序段和数据才会被系统读取到内存中。当一个程序刚被加载执行时，Linux 只为其分配虚拟内存空间，而只有当运行到那些必须被用到的程序段和数据时才会为它分配物理内存空间。

Linux 遵循页式存储管理机制，虚拟内存和物理内存均以页为单位加以分割，页的大小固定不变。当需要把虚拟内存中的程序段和数据调入或调出物理内存时，均以页为单位进行。虚拟内存中某一页与物理内存中的某一页的对照关系保存在页表中。

当物理内存已经全部被占据，而系统又需要将虚拟内存中的部分程序段或数据调入物理内存时，Linux 采用 LRU 算法（Least Recently Used Algorithm，最近最少使用算法）淘汰最近没有访问的物理页，从而调整出内存空间以便调入必需的程序段或数据。对于被淘汰的物理页有两种处理方法：

- 如果此页内容被调入物理内存后没有改动，则直接抛弃。如果今后需要，还可以从虚拟内存复制。
- 如果此页内容被调入物理内存后改动过，那么系统会将这一页的内容保存到磁盘的交换分区（swap 分区）。如果今后需要，则从交换分区恢复到物理内存。

1.6.3　文件管理

文件管理就是对外存上的数据实施统一管理。外存上所记录的信息，不管是程序还是数据都以文件的形式存在。操作系统对文件的管理依靠文件系统来实现。文件系统对文件存储位置与空间大小进行分配，实施文件的读/写操作，并提供文件的保护与共享。

Linux 采用的文件系统与 Windows 完全不同，目前 Linux 主要采用 ext4 文件系统。ext4 文件系统方便安全，存取文件的性能也非常好，还具备日志校验、在线碎片整理等功能。

由于采用虚拟文件系统（Virtual File System）技术，Linux 可以支持多种文件系统，其中包括 DOS 的 MS-DOS、Windows 的 FAT32（在 Linux 中称为 vfat）和 NTFS，光盘的 iso9660，甚至还包括实现网络共享的 NFS 等文件系统，如图 1-8 所示。

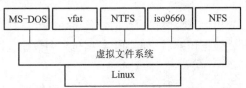

图 1-8　虚拟文件系统与操作系统关系示意图

虚拟文件系统将各种不同的文件系统的信息进行转化，形成统一格式后交给 Linux 处理，并将处理结果还原为原来的文件系统格式。对于 Linux 而言，它所处理的是统一的虚拟文件系统，而不需要知道文件所采用的真实文件系统。

Linux 将文件系统通过挂载操作放置于某个目录，从而让不同的文件系统结合成为一个整体，可以方便地和其他操作系统共享数据。

1.6.4 设备管理

Linux 对计算机所有的外围设备进行统一的分配和控制，对设备驱动、设备分配与共享等操作进行统一的管理。按照数据交换的特性，Linux 把所有外围设备分成三大类，如图 1-9 所示。

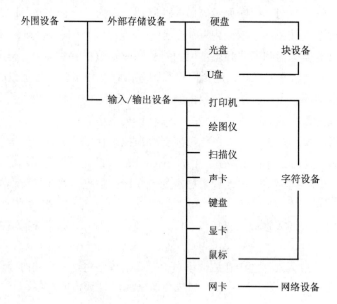

图 1-9　Linux 的外围设备分类

1. 字符设备

字符设备是以字符为单位进行输入/输出的设备，如打印机、扫描仪等。字符设备大多连接在计算机的串行接口上。CPU 可以直接对字符设备进行读/写，而不需要经过缓冲区。

2. 块设备

块设备是以数据块为单位进行输入/输出的设备，如硬盘、光盘和 U 盘等。数据块的大小可以是 512 B、1 024 B 或者 4 096 B 等。CPU 不能直接对块设备进行读/写，无论是从块设备读取还是向块设备写入数据，都必须首先将数据送到缓冲区，然后以数据块为单位进行数据交换。

3. 网络设备

网络设备是以数据包为单位进行数据交换的设备，如网卡。网络数据传送时必须按照一定的网络协议对数据进行处理，数据压缩后，再加上数据包头和数据包尾形成一个较为安全的传输数据包后才进行网络传输。

无论是哪个类型的设备，Linux 都把它统一当作文件来处理。只要安装了驱动程序，任何用户都可以像使用文件一样来使用这些设备，而不必知道它们的具体存在形式。

小　结

　　Linux 是一种类似于 UNIX 的操作系统，由 Linus Torvalds 于 1991 年在 Minix 操作系统的基础创建。Linux 凭借其优良特性已成为目前发展潜力最大的操作系统。

　　Linux 的版本有内核版本和发行版本两方面含义：内核版本是指 Linux 内核的版本；而发行版本是各 Linux 发行商将 Linux 内核和应用软件及相关文档组合起来，并提供系统管理工具的发行套件。

　　目前，Linux 在服务器领域继续发挥着越来越大的作用，也是嵌入式系统和构筑集群计算机的首选，并随着技术的进步，逐渐为桌面用户所接受。

　　内核是整个 Linux 操作系统的核心，用户可以根据自己的实际需要定制内核，并可升级内核。Shell 既是一种交互式命令解释程序，也是一种程序设计语言。作为交互式命令解释程序，Shell 负责接收并解释用户输入的命令，并调用相关的程序来完成用户的要求。Linux 的默认 Shell 是 Bash，其以 B Shell 为基础，并包含 C Shell 和 K Shell 的诸多优点。X Window 为 Linux 提供简单易用的图形化用户界面，并为必需图形界面的应用程序提供运行平台。Linux 的应用程序数量繁多，功能强大，多为自由软件。

　　Linux 是一种分时操作系统，采用虚拟存储技术来扩充内存空间。Linux 目前一般采用 ext4 文件系统，并基于虚拟文件系统技术可支持多种文件系统，实现 Linux 与其他操作系统之间的数据共享。Linux 把外围设备当作文件来处理，并根据数据交换的特性将外围设备分为三类：字符设备、块设备和网络设备。

习　题

一、选择题

1. 下列哪个选项不是 Linux 支持的？　　　　　　　　　　　　　　　　　　　　　（　　）

　　A. 多用户　　　　　　B. 超进程　　　　　　C. 可移植　　　　D. 多进程

2. Linux 是所谓的 Free Software，其中 Free 的含义是什么？　　　　　　　　　　（　　）

　　A. Linux 不需要付费　　　　　　　　　　B. Linux 发行商不能向用户收费

　　C. Linux 可自由修改和发布　　　　　　　D. 只有 Linux 的作者才能向用户收费

3. 以下关于 Linux 内核版本的说法，哪个是错误的？　　　　　　　　　　　　　　（　　）

　　A. 内核版本格式为"主版本号.次版本号.修改次数"

　　B. 1.2.2 表示稳定的发行版

　　C. 2.2.6 表示对内核 2.2 的第 6 次修改

　　D. 1.3.2 表示稳定的发行版

4. 以下哪个软件不是 Linux 发行版本？　　　　　　　　　　　　　　　　　　　　（　　）

　　A. 红旗 Server 4　　B. Solaris10　　　　C. Red Hat 9　　D. Fedora 18

5. 与 Windows 相比，Linux 在哪方面相对应用得较少？　　　　　　　　　　　　　（　　）

A. 桌面　　　　　　B. 嵌入式系统　　　C. 服务器　　　　D. 集群计算机

6. Linux 系统各组成部分中哪一项是基础？　　　　　　　　　　　　　　　（　　）

　　A. 内核　　　　　　B. X Window　　　　C. Shell　　　　D. GNOME

7. Linux 内核管理不包括的子系统是哪个？　　　　　　　　　　　　　　　（　　）

　　A. 进程管理系统　　B. 内存管理系统　　　C. 文件管理系统　D. 硬件管理系统

8. 下面关于 Shell 的说法，不正确的是哪个？　　　　　　　　　　　　　　（　　）

　　A. Linux 的组成部分　　　　　　　　　　B. 用户与 Linux 内核之间的接口

　　C. 一种和 C 类似的高级程序设计语言　　　D. 一个命令语言解释器

9. 以下哪种 Shell 类型在 Linux 环境下不能使用？　　　　　　　　　　　　（　　）

　　A. B Shell　　　　　B. K Shell　　　　　C. R Shell　　　　D. Bash

10. 在 Linux 中把声卡当作哪种设备？　　　　　　　　　　　　　　　　　（　　）

　　A. 字符设备　　　　B. 输出设备　　　　　C. 块设备　　　　D. 网络设备

二、填空题

1. _____算法是物理页的淘汰原则。

2. 之所以 Linux 能支持多种文件系统，是因为 Linux 采用_____技术。

三、讨论题

1. 查阅资料，谈谈 Linux Torvalds 对于信息技术发展的历史意义。

2. 讨论开源软件、自由软件与免费软件的异同。

第 **2** 章 —— 安装与删除 Linux

本章以目前最新最具代表性的企业级 Linux——CentOS 6.5 为例，说明 Linux 操作系统的实际操作方法。下面就从实际操作的第一步——安装开始讲解 Linux 操作系统。本章首先介绍安装前的准备工作，然后详细介绍通过光盘安装 Windows 与 CentOS 6.5 双系统的过程以及需要注意的问题等，并简要说明在计算机中只安装 CentOS 6.5 系统的方法。

然后，介绍如何启动和关闭 CentOS 6.5，并特别介绍采用图形化启动过程需要进行的系统设置，最后介绍在 CentOS 6.5 和 Windows 并存的计算机上保留 Windows 的所有数据，安全删除 CentOS 6.5 的方法。

本章要点

- CentOS；
- 安装前的准备；
- 安装 Windows 与 CentOS 6.5 并存的计算机；
- 安装仅有 CentOS 6.5 的计算机；
- 首次启动 CentOS 6.5；
- 安全删除 CentOS 6.5。

2.1　CentOS

CentOS（Community Enterprise Operating System）是目前世界上装机量非常大的 Linux 发行版本，使用非常广泛。其技术源于 Red Hat 公司发布的 RHEL（Red Hat Enterprise Linux）系列产品，是将 RHEL 再编译后重新发行的版本。CentOS 能够提供企业级应用，非常稳定可靠，并且可获得免费更新。

RHEL、CentOS 与 Fedora

RHEL 由最具行业领导力的 Red Hat 公司发布，是目前最具权威性和稳定性的 Linux 操作系统，为若干大型企业所采用。但当需要技术服务或软件更新时，必须向 Red Hat 公司支付一定的费用。

CentOS 创建于 2004 年，将 RHEL 源代码进行重新编译后再发行，在功能上和稳定性上与 RHEL 完全相同，但并不向用户提供商业支持，也不承担任何商业责任。CentOS 特别适合那些需要可靠、成熟、稳定的企业级 Linux 企业级应用，但又不愿意承担技术支持开销的中小型企业。

Fedora 出现于 2003 年，同样基于 RHEL，其功能完备、更新迅速。它主要由全球 Linux 技术爱好者组成的 Fedora Project 社区负责开发与更新，也同样得到 Red Hat 公司的支持。对于 Red Hat 公司而言，Fedora 是新技术的测试平台，在 Fedora 中稳定下来的技术会被考虑用于 RHEL。

CentOS 6.5 是目前最新的企业级 Linux 版本，基于 2.6.32 内核，可支持多核处理器，支持 i386 和 x86-64 两大主要硬件平台。

2.2　安装前的准备

2.2.1　安装文件

用户通过世界各地的镜像网站可下载 CentOS 6.5 的 ISO 安装文件，并将 ISO 文件刻录为 DVD 后进行安装。ISO 安装文件具体分为三类：

- 完整安装文件包括 2 个 ISO 文件，分别是 CentOS-6.5-i386-bin-DVD1.iso（3.58GB）和 CentOS-6.5-i386-bin-DVD2.iso（0.98GB）。CentOS-6.5-i386-bin-DVD1.iso 提供完成 CentOS 6.5 安装所需的必要软件包，而 CentOS-6.5-i386-bin-DVD2.iso 提供更多软件包，可由用户根据需要选择安装。
- 网络安装文件 CentOS-6.5-i386-netinstall.iso（189 MB），仅提供最基本安装步骤所需的软件包，而在安装过程中必须建立网络连接，然后根据所选择的功能，从 CentOS 6.5 的镜像网站下载其他的安装文件。
- 最小化安装文件 CentOS-6.5-i386-minimal.iso（300 MB），仅可安装 198 个软件包。安装后只能提供字符界面，且功能极为有限。

3 种安装方式的适用性

完整安装方式最为常用和方便，非常适合初学者，总能满足用户的安装需要。

网络安装方式适合缺乏大容量存储设备，但具备网络连接的情况，安装时需要指定连接的镜像网站，并以镜像网站作为软件源下载所需软件包，网速将在很大程度上决定安装所需时间。

最小化安装方式通常只有对 CentOS 较为精通的专业人员才会选用。初始安装所需时间极短，且硬盘空间占用极少，但当有进一步功能需求时，必须按照软件包的依赖关系安装必需的软件包。

本书选用完整安装文件通过光盘进行安装，并重点介绍 Windows 与 CentOS 6.5 双系统并存的安装方法，简要介绍只安装 CentOS 6.5 系统的方法。

2.2.2　多重引导

用户既可以在整个硬盘上安装 Linux，也可以在已安装有其他操作系统的硬盘上增加安装 Linux。但是，Linux 使用的磁盘空间必须和其他操作系统（如 Windows、OS/2，甚至不同版本的 Linux）所用的磁盘空间分离。安装完成后，Linux 与其他操作系统相互独立，而开机时由引导装载程序负责实现多重引导，即根据用户需要启动不同的操作系统。

目前，Linux 一般以 GRUB 软件为引导装载程序，实现多重引导。GRUB 不仅能设置默认启动的操作系统，还能设置选择时限。在选择时限内，若用户不做出选择，就将启动默认操作系统。

GRUB 提供用户交互式的图形操作平台，允许用户定制个性化的操作环境。GRUB 不但可以通过配置文件进行系统引导，还可以在引导前动态改变引导参数，动态加载各种设备。例如，刚编译出 Linux 的新内核，但不能确定其能否正常工作时，就可以在引导时动态改变 GRUB 的参数，尝试装载新内核。如果新内核运行不正常，可以在下次启动时恢复采用旧内核，不会导致系统崩溃。

GRUB 提供强大的命令行交互功能，方便用户灵活地使用各种参数来引导操作系统和收集系统信息。GRUB 的命令行模式甚至还支持历史记录功能，用户使用上下方向键就能寻找到以前的命令，非常高效易用。

GRUB 引导装载程序的配置文件为/etc/grub.conf，必须具有超级用户权限才能修改此文件的内容，其主要内容如下（省略以"#"打头的注释行内容）：

```
default=0
timeout=5
splashimage=(hd0,0)/boot/grub/splash.xpm.gz
hiddenmenu
title CentOS(2.6.32-431.el6.i686)
   root(hd0,0)
   kernel /vmlinuz-2.6.32-431.el6.i686 ro root=/dev/mapper/VolGroup-lv
_root   rd_NO_LUKS   rd_NO_MD   rd_LVM_LV=VolGroup/lv_swap   crashkernel=auto
LANG=zh_CN.UTF-8   rd_LVM_LV=VolGroup/lv_root   KEYBOARDTYPE=pc   KEYTABLE=us
rd_NO_DM rhgb quiet
   initrd /iniramfs-2.6. 32-431.el6.i686.img
title Win7
   rootnoverify(hd0,0)
   chainloader +1
```

grub.conf 文件中主要参数的含义如下：

- default：默认启动的操作系统的顺序。
- timeout：选择时限，以秒为单位，默认为 5 s。
- title：操作系统的标签，显示在 GRUB 启动界面。

grub.conf 文件关系到操作系统的启动，不可随意修改，否则有可能造成系统无法启动的严重后果。

2.2.3　磁盘分区

任何硬盘在使用前都要进行分区。硬盘的分区有两种类型：主分区和扩展分区。一个硬盘上最多只能有 4 个主分区，其中一个主分区可以用一个扩展分区来替换。也就是说，主分区可以有 1～4 个，扩展分区可以有 0～1 个，而扩展分区中可以划分出若干个逻辑分区。

Linux 的所有设备均表示为/dev 目录中的一个文件，如：/dev/sda 表示采用 SCSI 接口的硬盘。设备名称中第三个字母为 a，表示为第一个硬盘，而 b 表示为第二个硬盘，依此类推。分区则使用数字来表示，数字 1～4 用于表示主分区或扩展分区，逻辑分区的编号从 5 开始。

安装 Linux 与安装 Windows 在磁盘分区方面的要求有所不同。安装 Windows 时磁盘中可以只有一个分区（C 盘），而安装 Linux 时必须至少有两个分区：交换分区（又称 swap 分区）和/分区（又称根分区）。最简单的分区方案如下：

- 交换分区：用于实现虚拟内存，也就是说，当系统没有足够的内存来存储正在被处理的数据时，可将部分暂时不用的数据写入交换分区，其大小一般是物理内存的 1~2 倍，其文件系统类型一定是 swap。
- /分区：用于存放包括系统程序和用户数据在内的所有数据，其文件系统类型通常是 ext4。
- 当然，也可以为 Linux 多划分几个分区，那么系统就可根据数据的特性，把相关的数据保留到指定的分区中，而其他剩余的数据都保留在/分区。

一般建议为 Linux 划分为 4 个分区，分别是：

- 交换分区：为物理内存的 1~2 倍，采用 swap 文件系统。
- /boot 分区：用于存放启动过程中使用的文件，采用 ext4 文件系统。
- /var 分区：保存管理性和记录性数据以及临时文件等，采用 ext4 文件系统。
- /分区：保存其他的所有数据，采用 ext4 文件系统。

如果要对磁盘进行配额管理，还需要单独建立/ home 分区,也采用 ext4 文件系统。

2.3 安装 Windows 与 CentOS 6.5 双系统

某计算机中已安装 Windows 7，其磁盘分区情况如图 2-1 所示，要求增加安装 CentOS 6.5 并保证原来的 Windows 7 仍可使用。

从图 2-1 可知，此硬盘空间为 100 GB，划分为保留分区、C 盘和 D 盘三部分。对于此类硬盘，比较简便的操作方法是将 D 盘上的数据转移到 C 盘，而利用 D 盘的硬盘空间来安装 CentOS 6.5。计算机上已安装其他 Windows 版本的也可参照此安装过程。

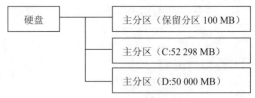

图 2-1 磁盘分区示意图

2.3.1 光盘启动

在 BIOS 设置界面中将系统启动顺序的第一启动设备设置为 DVD-ROM 选项，确保首先启动光盘。

2.3.2 选择安装

将 CentOS 6.5 安装光盘（即 CentOS-6.5-i386-bin-DVD1.iso 文件对应的 DVD。）放入光驱，启动计算机后会出现如图 2-2 所示的启动界面，各选项含义分别为：

- Install or upgrade an existing system：安装 CentOS 6.5 或升级现有的 CentOS。
- Install system with basic video driver：安装 CentOS 6.5，但仅提供基本的显卡驱动程序。
- Rescue installed system：修复已安装的 CentOS 6.5。
- Boot from local drive：退出安装，从本地驱动器启动。
- Memory test：内存检测，测试内存容量是否满足安装要求。

让光标停留在 Install or upgrade an existing system，按【Enter】键开始图形化界面下的安装。安装程序首先对硬件进行检测，如图 2-3 所示。

图 2-2　启动安装　　　　　　　　　　　　　图 2-3　硬件检测

2.3.3　检查光盘介质

在如图 2-4 所示的界面中，询问是否进行光盘介质检查。一般而言，CentOS 6.5 的安装光盘至少应该进行一次检查，以确保安装文件正确无误。

如果希望进行光盘介质检查，则选中 OK 并按【Enter】键，否则利用【Tab】键选中 Skip 后按【Enter】键。选择进行检查，则出现如图 2-5 所示的界面。

图 2-4　选择是否检查光盘介质　　　　　　　图 2-5　确认检查光盘介质

选中 Test 并按【Enter】键，开始对光盘进行介质检查，安装光盘的检查过程如图 2-6 所示。最后出现光盘介质检查报告，如图 2-7 所示，表明当前光盘一切正常，可以用于安装。

图 2-6　介质检查进度　　　　　　　　　　　图 2-7　介质检查报告

直接按【Enter】键，光盘自动弹出，并出现如图 2-8 所示的界面。按【Enter】键，出现如图 2-9 所示的界面。选中 Test 并按【Enter】键，则继续检查其他安装光盘，否则按【Tab】键选中 Continue 后按【Enter】键，继续安装。

如果检查介质时发现光盘出错，只需将光盘取出中止本次安装过程，并重新启动计算机。此时中止安装，对原来的计算机没有任何影响。

图 2-8　确定光盘弹出

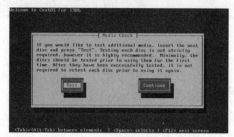

图 2-9　选择是否继续进行介质检查

2.3.4　开始安装

图 2-10 所示为 CentOS 6.5 的开始安装界面，单击 Next 按钮继续。

图 2-10　开始安装

2.3.5　选择安装语言

在如图 2-11 所示界面中选择在安装过程中使用的语言，选择 Chinese (Simplified)（简体中文）选项，单击 Next 按钮继续。从下一步开始安装界面不再是英文界面，而全部是简体中文界面。

图 2-11　选择安装语言

2.3.6 选择键盘类型

在如图 2-12 所示界面中选择键盘类型。一般保持默认的"美国英语式"键盘即可，单击"下一步"按钮继续。

图 2-12 选择键盘类型

2.3.7 选择存储设备类型

在如图 2-13 所示的界面中选择存储设备类型。一般选择"基本存储设备"即可，单击"下一步"按钮继续。

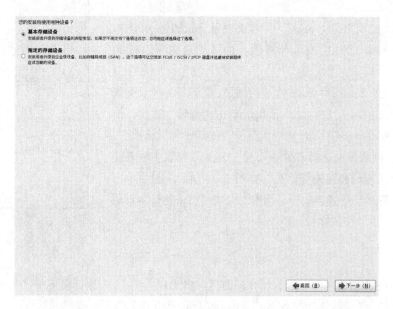

图 2-13 选择存储设备类型

2.3.8 设置主机名和网卡

在如图 2-14 所示的主机名设置界面，默认的主机名为 localhost.localdomain， 直接在"主机名"文本框中输入即可修改主机名。

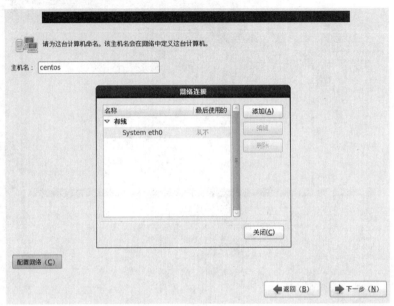

图 2-14 设置主机名

网卡的 IP 地址默认由网络内的 DHCP 服务器动态分配。如果需要修改，可单击"配置网络"按钮，弹出如图 2-14 所示的"网络连接"对话框设置网卡的相关信息，例如增加网卡，设置网卡 IP 地址等。

Linux 中以太网卡以"eth*"的形式表示，eth0 表示计算机上的第一块网卡，eth1 表示计算机上的第二块网卡，依此类推。

如果计算机处于采用静态 IP 地址的网络，就需要为网卡配置静态 IP 地址。选中网卡（System eth0），单击"编辑"按钮，弹出"正在编辑 System eth0"对话框。单击"IPv4 设置"选项卡，在"方法"下拉列表框中选择"手动"，在"地址"列表中输入静态 IP 地址、子网掩码和网关等信息，如图 2-15 所示。最后单击"应用"按钮，返回"网络连接"对话框。关闭"网络连接"对话框，单击"下一步"按钮继续。

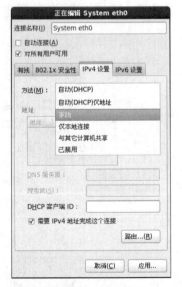

图 2-15 设置网卡

2.3.9 设置时区

在如图 2-16 所示的界面，设置所在的时区。由于在图 2-11 中选择简体中文为安装过程中使用的语言，因此此时默认选择时区是"亚洲/上海"，单击"下一步"按钮继续。

图 2-16　设置时区

2.3.10　设置根密码

在如图 2-17 所示的界面，设置根密码。所谓根密码就是系统的最高管理者——超级用户（root）的密码。超级用户（也称为 root 用户或者根用户）是 Linux 中最重要的用户，具有管理系统的最高权限，可管理所有的用户、设备、进程和调度等。Linux 规定密码至少应该包括 6 个字符（字母、数字、符号均可），区分大小写。输入两次根密码后，单击"下一步"按钮继续。

图 2-17　设置根密码

根密码是系统安全的基础。合格的根密码应该采取字母、数字和符号混合的方式，且尽可能保持一定的长度。一旦设定后不可遗忘也不可泄露，否则可能导致不可预知的严重后果。

2.3.11　设置磁盘分区

1．选择分区类型

CentOS 6.5 提供以下 5 种磁盘分区类型以供选择，如图 2-18 所示。

图 2-18　选择分区类型

各种分区类型的含义如下：

- 使用所有空间：删除硬盘的所有分区并创建默认分区结构，也就是说硬盘上原有的一切数据都将被删除。如果硬盘上只安装 CentOS 6.5，选择此方式最为便捷。
- 替换现有 Linux 系统：删除硬盘的所有 Linux 分区并创建默认的分区结构，硬盘上以前安装的所有的 Linux 内容都将被删除。此项是默认的磁盘分区方式。
- 缩小现有系统：对当前硬盘进行压缩处理，以获取更多可用空间。
- 使用剩余空间：利用硬盘上未被任何系统使用的空余空间进行安装，并创建默认的分区结构。
- 创建自定义布局：由用户决定如何进行磁盘分区。

前面 4 种方式都是由系统自动创建分区，最后一种方式由用户利用 Disk Druid 进行手动分区。要在已安装 Windows 的计算机上添加安装 CentOS 6.5 等 Linux 操作系统应使用手动分区的方法，在此选择"创建自定义布局"选项，单击"下一步"按钮继续。

安装 CentOS 6.5 时无论是采用自动分区还是手动分区，本质上都是利用 Disk Druid 软件来实现。Disk Druid 是 Linux 最常用的图形化磁盘分区工具，也是 CentOS 的默认磁盘分区工具，其操作界面如图 2-19 所示。

图 2-19　Disk Druid 分区工具界面

Disk Druid 操作界面的上部首先显示硬盘的逻辑设备名称（如/dev/sda）、硬盘的容量信息（如 102 400 MB）以及硬盘的型号；然后以条状图方式显示各分区占用硬盘的比例情况。

操作界面的中部显示当前硬盘的分区情况，具体为：

- /dev/sda：表示采用 SCSI 接口的硬盘，其中分为 3 个主分区，均采用 NTFS 文件系统。
- /dev/sda1：表示 Windows 的保留分区（100 MB）。
- /dev/sda2：表示 Windows 的 C 盘（52 298 MB）。
- /dev/sda3：表示 Windows 的 D 盘（50 000 MB）。

磁盘分区是整个 Linux 安装过程中最为关键的一步，一定要小心谨慎。操作不慎，会影响到原来的系统无法使用。

2. 删除一个 Windows 分区

为了利用 D 盘的磁盘空间来安装 CentOS 6.5，必须首先删除 D 盘所在的分区。选中 "/dev/sda3" 所在行，单击"删除"按钮，弹出"确认删除"对话框，单击"删除"按钮（见见图 2-19）。

此时，磁盘分区情况如图 2-20 所示，原本/dev/sda3 所在的行已被"空闲"取代，表明 Windows 中的 D 盘（Linux 称为/dev/sda3）分区已成功删除，分区上原有的一切数据都将不复存在。

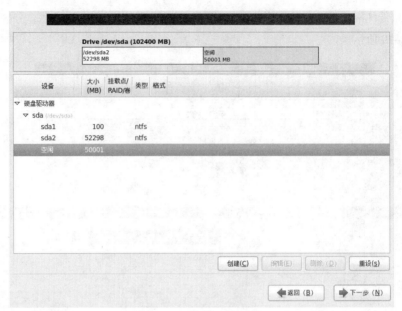

图 2-20　完成 D 盘删除

在此以最简单的分区方案为例说明创建 Linux 磁盘分区的方法。分区创建的先后顺序不影响分区的结果，用户既可以先新建交换分区，也可以先新建根分区。

3．新建交换分区

选中"空闲"所在行，单击"创建"按钮，弹出"生成存储"对话框，选择存储方式，如图 2-21 所示。CentOS 6.5 提供以下 3 种存储方式供用户选择：

- 标准分区：最为简单的传统 Linux 存储方式。采用标准分区管理磁盘，至少需要建立两个分区：根分区和 swap 分区。
- RAID 分区：RAID（Reduandant Arrays of Independent Disks，磁盘阵列）的基础。RAID 适用于多个磁盘的环境，可将多个磁盘整合为 RAID 设备，以提升磁盘的读/写速度与可靠性。采用 RAID 管理磁盘时，首先至少需要创建两个 RAID 分区，经格式化后再形成 RAID 设备。
- LVM 物理卷：LVM（Logical Volume Management，逻辑卷管理）的基础。LVM 技术增强文件系统管理的灵活性，实现分区的自由增减。采用 LVM 管理磁盘时，首先需要建立包含 LVM 元数据的物理卷（Physical Volume, PV），经格式化后建立卷组（Volume Group, VG），最终形成逻辑卷（Logical Volume, LV）。

在此选择最简单的"标准分区"方式，单击"确定"按钮，弹出"添加分区"对话框（见图 2-22），进行如下操作：

- 单击"文件系统类型"下拉列表框，选中 swap 选项，"挂载点"下拉列表框内容显示为灰色，即交换分区不需要挂载点。
- 在"大小"文本框输入交换分区的大小，单击"确定"按钮，完成交换分区设置。

此时，Disk Druid 操作界面中磁盘分区列表多出一行交换分区的相关信息，而空闲磁盘空间减少。

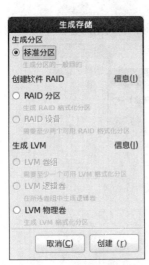

图 2-21　选择存储方式

图 2-22　添加交换分区

4．新建根分区

再次选中"空闲"所在行，单击"创建"按钮，再次弹出"生成存储"对话框，同样选择"标准分区"并单击"创建"按钮，弹出"添加分区"对话框（见图 2-23），进行如下操作：

- 在"挂载点"下拉列表框中选择"/"选项，即新建根分区。
- 在"文件系统类型"下拉列表框中 ext4 选项，即在根分区使用 ext4 文件系统。
- 由于不再设置其他的分区，在"大小"文本框中不需要输入，而选中"其他大小选项"栏中的"使用全部可用空间"单选按钮，那么磁盘上所有的可用空间都划归根分区。单击"确定"按钮，完成根分区设置。

图 2-24 所示为新建根分区后的磁盘分区情况。此时，"格式"列中出现"√"符号，表示两个 Linux 分区均要进行格式化并创建文件系统。如果对分区方案仍不满意，可单击"重设"按钮进行修改，否则单击"下一步"按钮继续。

图 2-23　添加根分区

图 2-24　完成两分区添加

2.3.12 写入更改

此时系统提示分区方案将正式写入磁盘，所有要求删除或重新格式化的分区中所有数据都将丢失，如图 2-25 所示。单击"将修改写入磁盘"按钮，继续安装。

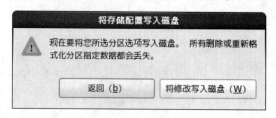

图 2-25 确认写入更改

此时，约 100 GB 的硬盘磁盘分区情况如图 2-26 所示。

图 2-26 手动分区后磁盘分区示意图

2.3.13 设置 GRUB

在如图 2-27 所示的界面，设置 GRUB 引导装载程序。GRUB 的选项标签默认将 Windows 操作系统称为 Other。为了方便使用，有必要将其修改为真实的操作系统的名称。选中"引导装载程序操作系统列表"中 Other 所在行，单击"编辑"按钮，将 Other 修改为 Win 7，如图 2-27 所示。

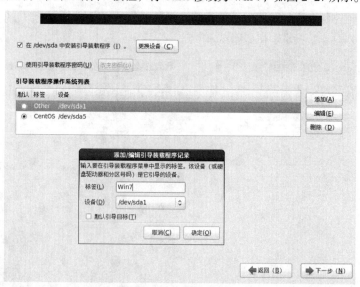

图 2-27 设置 GRUB 标签

　　GRUB 在计算机启动后将默认启动 CentOS 6.5，如果选中 Win7 前的"默认"单选按钮，则计算机启动后将默认启动 Windows 7，如图 2-28 所示。

図 2-28　完成 GRUB 设置

　　GRUB 默认安装在硬盘的主引导记录（MBR）。单击"更换设备"按钮，可在下一操作中改变 GRUB 的安装位置，如图 2-29 所示。但是，通常无须更改。

　　为保证系统的安全性，还可以为 GRUB 设置密码，确保 GRUB 的配置参数不被任意修改。选中"使用引导装载程序密码"复选框后，"改变密码"按钮生效。单击该按钮，弹出 "输入引导装载程序密码"对话框，如图 2-30 所示，输入两次密码即可设置 GRUB 密码。单击"下一步"按钮继续安装。

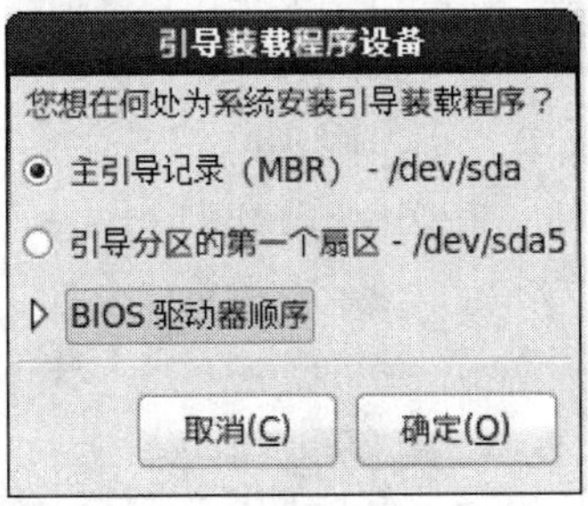

图 2-29　设置 GRUB 安装位置

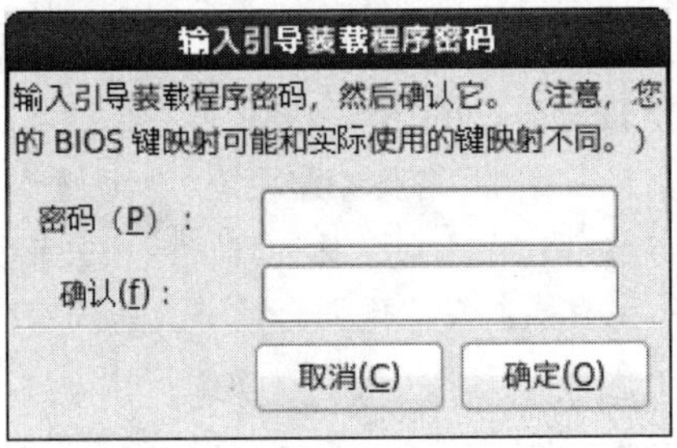

图 2-30　设置 GRUB 密码

2.3.14　选择安装类型

　　CentOS 6.5 提供如下 8 种安装类型，默认安装类型为 Desktop，如图 2-31 所示。各种安装类型的具体含义如下：

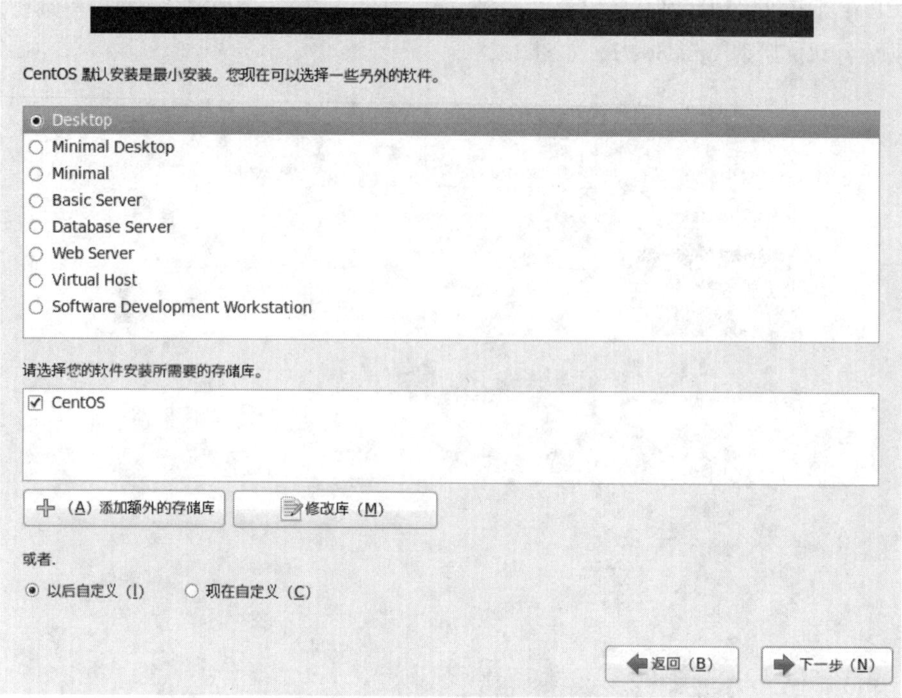

图 2-31　选择安装类型

- Desktop：桌面系统，默认提供字符界面和图形化用户界面，且包括桌面环境的多个常用软件包。
- Minimal Desktop：最小化桌面系统，同样提供字符与图形化双界面，但桌面环境的软件包非常有限。
- Minimal：最基本系统，仅提供字符界面，只能保证 CentOS 的基本运行，不包含任何可选软件包。
- Basic Server：基础服务器系统，仅提供基础服务环境，不提供图形化用户界面。
- Database Server：数据库服务器系统，默认安装 MySQL 和 PostergreSQL 等数据库软件包，但不包含桌面环境的相关软件。
- Web Server：网络服务器系统，默认安装 PHP、Web Server、MySQL 和 PostergreSQL 等网络服务软件包，不包含桌面环境的相关软件。
- Virtual Host：虚拟化平台系统，默认安装 KVM 和 Virtual Machine Manager 工具，用于创建多个虚拟主机，实现大规模虚拟化。
- Software Development Workstation：软件开发系统，面向 Linux 软件开发，默认安装包括 Java 在内的若干开发工具。

此时，"以后自定义"单选按钮为选中状态，默认将安装各安装类型预设的软件包集，否则选中"现在自定义"单选按钮，单击"下一步"按钮，出现如图 2-32 所示的界面。

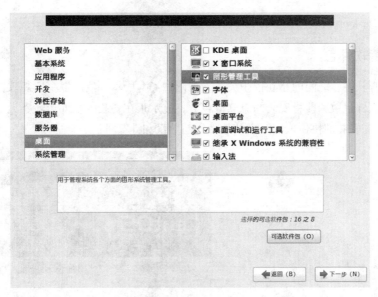

图 2-32 选择软件包集

为了方便分类管理,CentOS 6.5 将所有软件包先按照功能特点分为 13 个类别,如基本系统、应用程序、开发等,而每个类别中又包括多个软件包集。图 2-32 所示界面中左侧为软件包类别,右侧为各类别中的软件包集,默认安装的软件包集前的复选框为选中状态,其基本信息出现在界面的中间位置。图 2-32 显示"桌面"软件包类别中包括 KDE 桌面、X 窗口系统、图形管理工具、字体等软件包集,而"图形管理工具"软件包集是"用于管理系统各个方面的图形系统管理工具"。每个软件包集又包含若干个软件包,软件包集被选中后将安装此软件包集中的默认软件包。图 2-33 所示为"图形管理工具"软件包集内包含的 16 个软件包,默认将安装其中的 8 个。

选中指定软件包集后,单击"可选的软件包"按钮,弹出对话框,显示此软件包集所包含的所有软件包以及是否默认安装等信息。图 2-33 显示的"图形管理工具"软件包集的所有软件包信息,包括文件名和主要功能等,文件名前的复选框是否选中将决定是否安装该软件包。

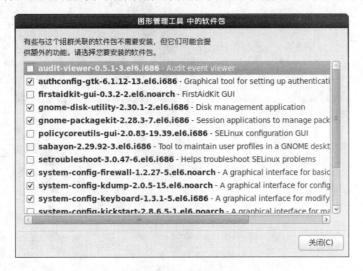

图 2-33 "图形管理工具"软件包集中的软件包信息

在此选择 Desktop 安装类型，单击"下一步"按钮继续。

2.3.15 安装软件包

系统将检查软件包之间的相互依赖关系，如图 2-34 所示，然后逐个安装软件包，显示安装进度，已安装软件包数和即将安装的总软件包数；显示正在安装的软件包名、大小及主要功能，如图 2-35 所示。安装的快慢取决于安装软件包的数量和计算机的运行速度。

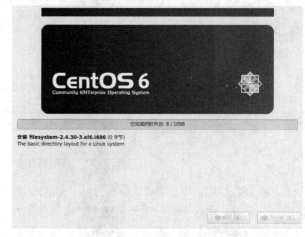

图 2-34 检查软件包的依赖关系　　　　　　　　　图 2-35 安装软件包

2.3.16 安装结束

最后出现如图 2-36 所示的界面，提示安装已结束，单击"重新引导"按钮，取出光盘，重新启动计算机。

图 2-36 安装结束

2.4　只安装 CentOS 6.5 系统

以上详细介绍了如何在已安装 Windows 系统的计算机上增加安装 CentOS 6.5，如果仅需安装 CentOS 6.5，步骤和方法跟前者基本相同，唯一需要注意的是磁盘分区。当整个磁盘空间都用于安装 CentOS 6.5 时，选择"使用所有空间"方式最为简便。选中"查看并修改分区布局"复选框，可查看系统默认的分区方案，如图 2-37 所示。

图 2-37　选择"使用所有空间"安装

系统默认划分出两个主分区：sda1 和 sda2；其中 sda1 主分区为/boot 专用分区，仅 500 MB；sda2 分区采用逻辑卷管理（LVM）技术进行管理，大小为 101 899 MB，如图 2-38 所示。LVM 卷组又由 3 个 LVM 物理卷组成，分别是 lv_root、lv_home 和 lv_swap，分别对应/分区（根分区）、/home 分区和交换分区。除交换分区采用 swap 文件系统外，其他分区均采用 ext4 文件系统。

图 2-38　自动分区方案

若对系统默认的分区方案不满意，可利用 Disk Druid 对分区进行调整。此时，硬盘的分区情况如图 2-39 所示。

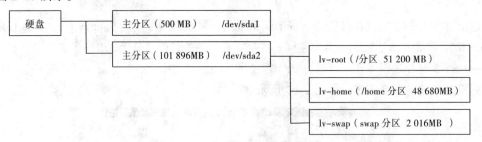

图 2-39　自动分区后磁盘分区示意图

单独安装 CentOS 6.5 时，GRUB 引导装载程序的标签仅一项，如图 2-40 所示。

图 2-40　GRUB 标签

2.5　首次启动 CentOS 6.5 系统

CentOS 6.5 安装结束后，重新启动将经历如下的过程。

2.5.1　BIOS 自检

计算机首先启动 BIOS，检查基本的硬件信息，如内存的大小、CPU 的主频以及硬盘容量等。然后，根据 BIOS 中的系统引导顺序，依次查找系统引导设备。系统以硬盘为第一系统引导设备时，首先执行记录在主引导记录（MBR）上的 GRUB 引导装载程序。

2.5.2　选择操作系统

GRUB 引导装载程序启动后，提示将要启动的操作系统和选择时限，如图 2-41 所示。GRUB 的默认选择时限为 5 s，5 s 内不进行选择，则启动默认的操作系统。修改引导装载程序 GRUB 的配置文件/etc/grub.conf，可改变选择时限及默认启动的操作系统。

如需启动其他的操作系统，或者改变 GRUB 引导的内核，则按下任意键，打开 GRUB 菜单，如图 2-42 所示。光标停留在安装时设置的默认操作系统上，利用上下方向键可改变要启动的操作系统，按【Enter】键即开始启动。

图 2-41　GRUB 引导界面

图 2-42　GRUB 菜单

选择启动 CentOS 6.5，则系统加载内核，可以说从此时开始正式交由 CentOS 控制。CentOS 自动启动相关硬件设备，并执行一系列与启动相关的程序。

2.5.3　初始化配置

1. 欢迎界面

首次启动 CentOS 6.5 会出现如图 2-43 所示的欢迎界面，单击"前进"按钮开始一系列初始化配置。

图 2-43　欢迎界面

2. 查看许可证信息

出现如图 2-44 所示的许可证信息界面，阅读 CentOS 6.5 的许可证信息，选中"是，我同意该许可协议"单选按钮，并单击"前进"按钮继续。

图 2-44　许可证信息

3. 添加普通用户账号

Linux 在用户账号管理方面与 Windows 有所不同，Linux 中将用户账号分为三大类型：超级用户、系统用户和普通用户。

- 超级用户，又称 root 用户或根用户。每个 Linux 系统都必须有，且只能有一个超级用户。超级用户对计算机系统拥有最高的绝对权限，可以删除任何文件，可以终止任何程序。在安装过程中必须为 root 用户设置密码，参见图 2-17。
- 系统用户是与系统运行和系统服务密切相关的用户，通常在安装相关软件包时自动创建，通常保持其默认状态。
- 普通用户是系统中数量最多的用户。普通用户在安装完成之后由超级用户创建，并且只具备有限的权限，只能管理有限的资源。

为什么要创建普通用户账号

超级用户的权限非常大，为了防止误操作造成系统崩溃等严重后果。通常不以超级用户身份登录系统，而是以普通用户身份登录。只有进行系统设置时，才从普通用户切换为超级用户。

在此创建普通用户 helen 账号，必须输入用户名和密码，其中密码必须输入两遍，而全名可以不输，如图 2-45 所示。

需要对新创建的用户进行进一步设置时，可单击"高级…"按钮，打开"用户管理器"窗口，设置用户详细信息，也可以待正常登录后再修改，单击"前进"按钮继续。

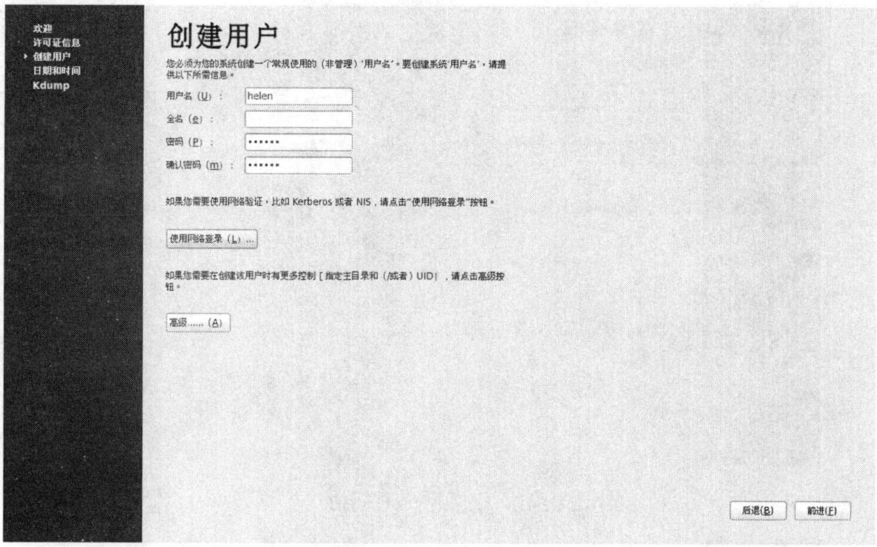

图 2-45　新建普通用户账号

4．设置日期和时间

在如图 2-46 所示的日期和时间设置界面，可根据实际情况设置。需要采用网络时间协议同步系统时间的计算机，选中"在网络上同步日期和时间"复选框，并指定时间服务器。连接到所设置的时间服务器后，可与之同步时间，如图 2-47 所示。单击"前进"按钮继续。

5．设置 Kdump

在如图 2-48 所示的 Kdump 设置界面，可设置是否启用 Kdump 以及 Kdump 所占内存的大小。Kdump 是内核崩溃的转储工具，系统崩溃时，Kdump 将捕获相关信息以供分析系统崩溃的原因。单击"完成"按钮，结束 CentOS 6.5 的首次引导过程。

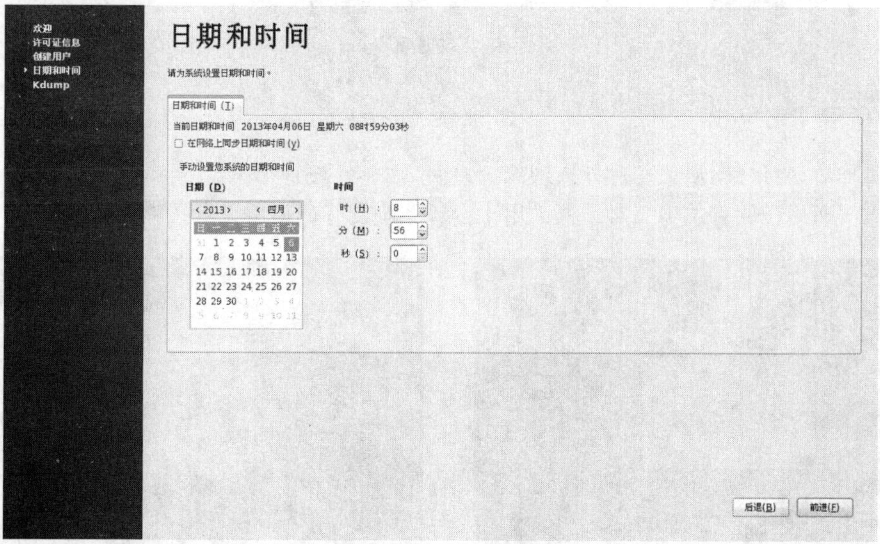

图 2-46　设置日期和时间

图 2-47　设置网络时间协议

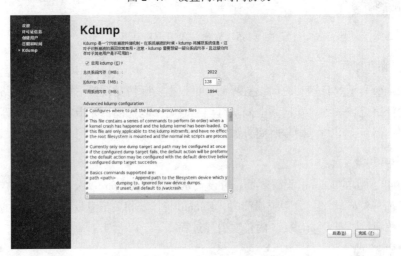

图 2-48　设置 Kdump

2.5.4　登录

成功启动后，打开图形化用户界面的登录界面，如图 2-49 所示。单击屏幕下方的辅助功能图标，弹出"通用访问首选项"对话框，用于设置系统友好的显示设置选项，如图 2-50 所示。

图 2-49　登录界面

图 2-50　设置通用访问首选项

启动过程中如有问题出现，屏幕下方会出现三角形图标，单击则显示出系统启动信息，有利于了解系统的运行状态，如图 2-51 所示。

登录界面显示当前普通用户列表，超级用户账号不在此列，但可单击"其他"按钮，手动输入。此时单击普通用户名，会打开密码输入界面，输入该用户的密码即可，如图 2-52 所示。

图 2-51　查看启动信息

图 2-52　输入密码

处于系统安全的考虑，CentOS 要求尽量避免以超级用户的身份登录图形化用户界面。以超级用户登录图形化用户界面时，将出现提示信息，如图 2-53 所示。

登录成功后打开 GNOME 桌面环境，如图 2-54 所示。首次登录 GNOME 桌面环境，CentOS 6.5 自动在用户主文件夹创建 8 个标准文件夹，分别是：桌面、下载、模板、公共的、文档、音乐、图片和视频，用于分别存放对应类型的文件。

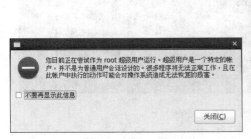

图 2-53　超级用户登录时的提示信息

图 2-54　GNOME 桌面环境

至此完成第一次启动 CentOS 6.5 图形化用户界面的所有操作。首次启动图形化用户界面，由于需要进行多项初始化设置，较为费时。以后再启动图形化界面则只经过 BIOS 自检、选择操作系统和登录 3 个步骤即可。

2.5.5　注销、关机与重启

1. 桌面环境下注销、关机与重启

单击 GNOME 桌面的系统菜单（见图 2-55），选中"关机"命令，弹出如图 2-56 所示的对话框，提示系统将在 60 s 后自动关机，也可单击"关闭系统"或"重启"按钮立即关机或重启

计算机。

选择 GNOME 桌面系统菜单（见图 2-55）中的"注销 helen"命令，弹出如图 2-57 所示的对话框，提示系统将在 60 s 后自动注销，此时单击"注销"按钮立即回到图 2-49 所示界面，等待其他用户登录。

图 2-55　系统菜单　　　　　　　图 2-56　确认关机　　　　　　　图 2-57　确认注销

2. 登录界面下关机与重启

在如图 2-49 所示的登录界面中单击界面下方的"关机"按钮也可进行关机或重启操作，如图 2-58 所示。确认关机后，依次停止系统的相关服务，直至完全关闭计算机，如图 2-59 所示。

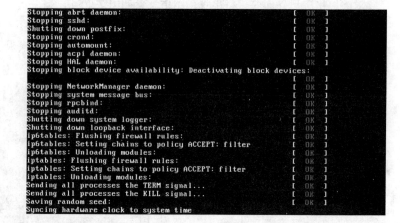

图 2-58　关机按钮　　　　　　　　　　图 2-59　关机信息

2.6　安全删除 CentOS 6.5 系统

对于仅安装 CentOS 6.5 的计算机而言，只要重新安装其他操作系统，就能将已安装的 CentOS 6.5 完全删除。而对于 Windows 与 CentOS 6.5 并存的计算机而言，安全删除 CentOS 6.5 而不影响 Windows 的所有数据，需要进行两项操作：删除 GRUB 引导装载程序；重建 CentOS 6.5 所用分区。顺序上，无论是先删除 GRUB 引导装载程序还是先删除 CentOS 6.5 所用分区均可。

无论已安装的 Linux 和 Windows 的版本如何，采用上述两项操作均可安全删除 Linux。

2.6.1　删除 GRUB

利用 Windows 的安装光盘可删除 GRUB 引导装载程序。修改 BIOS 设置开机启动光盘，然后将

Windows 7 的安装光盘放入光驱，启动计算机，会自动打开"安装 Windows"窗口，如图 2-60 所示。

选择对 Windows 7 进行修复，单击"修复计算机（R）"选项，弹出"系统恢复选项"对话框，如图 2-61 所示。选中将修复的操作系统，单击"下一步"按钮，继续选择恢复方式。

图 2-60　光盘启动 Windows 7　　　　　　　　图 2-61　选择将修复的操作系统

如图 2-62 所示，选择以"命令提示符"方式进行恢复。打开 MS-DOS 命令提示符窗口，输入命令"bootrec /fixmbr"，如图 2-63 所示。此命令将重建硬盘主引导记录（MBR），会删除安装于此的 GRUB 引导装载程序。重新启动计算机，不再出现 GRUB 引导界面，即 GRUB 已被删除。

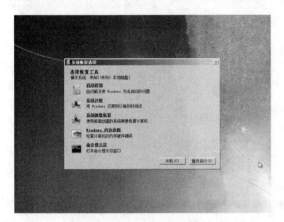

图 2-62　选择恢复工具　　　　　　　　　　图 2-63　删除 GRUB

2.6.2　重建 CentOS 6.5 所用分区

重建 CentOS 6.5 所用分区的方法很多，既可借助 Windows 自带的磁盘管理工具，也可利用 PQ Partition Magic 等磁盘分区专用软件。在此以 Windows 自带磁盘管理工具为例进行说明。

以管理员身份启动 Windows 7，依次选择"开始"→"控制面板"→"管理工具"→"计算机管理"选项，打开"计算机管理"窗口。选中左侧"计算机管理"中的"磁盘管理"选项，右侧显示磁盘分区情况，如图 2-64 所示。由于 Windows 不能识别 Linux 所使用的文件系统类型，"文件系统"列无任何信息的分区就是 CentOS 6.5 占用的分区。图 2-64 中 CentOS 6.5 占用两个分区，大小分别为 3.91 GB 和 44.92 GB。

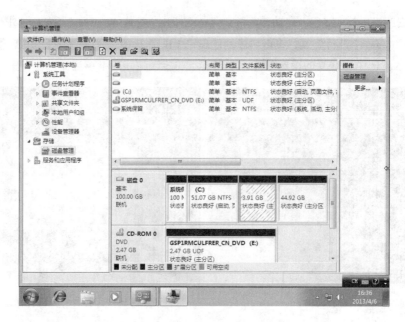

图 2-64 磁盘分区

1. 删除 CentOS 6.5 所用分区

分别选中 CentOS 6.5 所用的两个分区，单击工具栏中的"删除"按钮 ✖，弹出提示信息，单击"是"按钮，确认删除。完成后磁盘分区情况如图 2-65 所示。

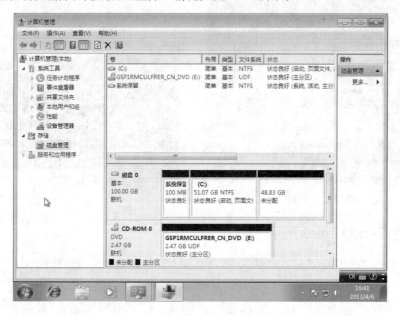

图 2-65 完成 CentOS 6.5 分区删除

2. 新建 Windows 分区

为了充分利用空闲的磁盘空间，还应将可用空间新建为 Windows 可访问的分区。右击未分配的磁盘空间，从弹出的快捷菜单选择"新建简单卷"命令，弹出"新建简单卷向导"对话框，单击"下一步"按钮。指定新建分区的大小，默认为当前所有可用空间，如图 2-66 所示，单击"下一步"按钮继续。

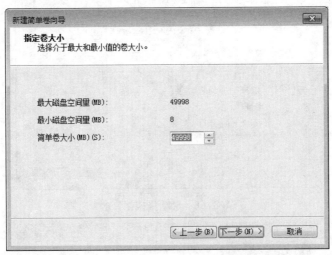

图 2-66　指定分区大小

指定新建分区的驱动器号，默认按照字母顺序分配，如图 2-67 所示，单击"下一步"按钮。决定是否格式化新建分区，并设置格式化时所采用文件系统和分配单元大小。由于 CentOS 6.5 所用文件系统类型与 Windows 完全不同，因此必须对新建分区进行格式化，并按照 NTFS 文件系统进行格式化，保持默认分配单元大小，如图 2-68 所示。单击"下一步"按钮继续。

最后显示新建分区的设置小结信息，如图 2-69 所示。若不满意，单击"上一步"按钮可重新设置，否则单击"完成"按钮将可用空间新建为 Windows 可用的磁盘分区。完成后，磁盘管理界面如图 2-70 所示，即整个磁盘分为 3 个分区，分别是 C 盘、D 盘和保留分区，3 个分区均采用 NTFS 文件系统。

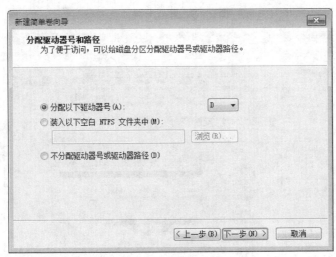

图 2-67　指定驱动器号

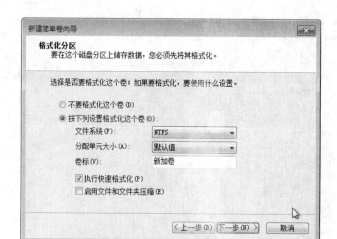

图 2-68　确认格式化要求

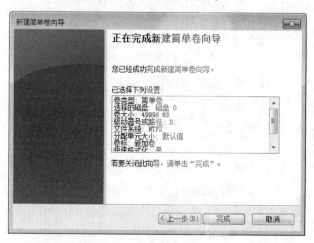

图 2-69　新建分区信息

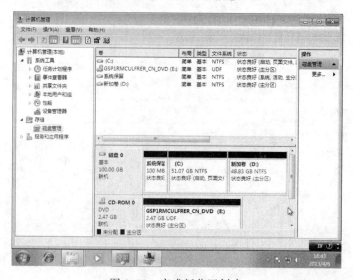

图 2-70　完成新分区创建

小　　结

CentOS 6.5 是目前最新的企业级 Linux，其技术源于 RHEL 6.5，是将 RHEL 6.5 再编译后重新发行的版本。

CentOS 6.5 为用户提供非常简单易用的安装工具，按照安装界面的提示信息，进行设备配置、磁盘分区、软件包安装及相关系统配置等多项工作即可安装成功。

利用 GRUB 引导装载程序，CentOS 6.5 实现多系统的安装与使用。GRUB 通常安装于硬盘的主引导记录（MBR），其配置文件为/etc/grub.conf，可设置默认启动的操作系统以及选择时限等。

安装 CentOS 6.5 至少需要两个分区：交换分区和根分区。交换分区采用 swap 文件系统，用于实现虚拟存储；根分区一般采用 ext4 文件系统，用于保存程序和数据。用户也可根据需要创建多个分区。安装过程中可由系统自动分区，也可手动建立分区。

CentOS 6.5 中所有程序均以软件包形式出现，为了方便分类管理，CentOS 6.5 将所有软件包根据功能特点分为多个类别，各类别分布包括多个软件包集，而每个软件包集中又包含多个软件包。安装过程中选择安装类型后自动安装默认软件包，也可由用户根据需要选择安装软件包。

Linux 的用户可分为超级用户、系统用户和普通用户三大类型，安装过程中必须为超级用户设置密码，而普通用户账号由超级用户在安装后创建。

在不影响 Windows 的前提下，安全删除 CentOS 6.5 需要进行两项操作：删除 GRUB 引导装载程序和重建 CentOS 6.5 所用分区。利用 Windows 安装光盘可删除 GRUB 引导装载程序。利用 Windows 的磁盘管理工具或专用磁盘分区软件可删除重建 CentOS 6.5 所用分区，并将空闲空间转换为 Windows 可使用的分区。

习　　题

一、选择题

1. CentOS 6.5 启动时默认由以下哪个系统引导程序实施系统加载？　　　　　　　（　　　）
   A. GRUB　　　　B. LILO　　　　　　　C. KDE　　　　　　　D. GNOME
2. 编辑 GRUB 配置文件的哪项参数可改变选择时限？　　　　　　　　　　　　（　　　）
   A. default　　　B. time　　　　　　　C. timeout　　　　　　D. splashimage
3. GRUB 默认安装在什么地方？　　　　　　　　　　　　　　　　　　　　　　（　　　）
   A. 主引导记录（MBR）　　　　　　　B. 引导分区的第一个扇区
   C. /boot 目录　　　　　　　　　　　D. 内核
4. /dev/sda5 在 Linux 中表示什么？　　　　　　　　　　　　　　　　　　　　（　　　）
   A. 主分区　　　　　　　　　　　　　B. 根分区
   C. 逻辑分区　　　　　　　　　　　　D. 交换分区
5. 安装 Linux 至少需要几个分区？　　　　　　　　　　　　　　　　　　　　（　　　）
   A. 2　　　　　　B. 3　　　　　　　　C. 4　　　　　　　　　D. 5
6. 在硬盘空间已完全使用的 Windows 7 计算机上增加安装 CentOS 6.5，应采用哪种分区类型？

（　　）

    A. 使用全部空间   B. 替换现有 Linux 系统

    C. 使用剩余空间   D. 创建自定义布局

7. 根密码必须符合什么要求？   （　　）

    A. 至少 4 字节，大小写敏感   B. 至少 6 字节，大小写敏感

    C. 至少 4 字节，大小写不敏感   D. 至少 6 字节，大小写不敏感

8. 在哪个安装步骤之前放弃安装不会影响原来的系统？   （　　）

    A. 设置根密码   B. 磁盘分区

    C. 写入更改   D. 安装软件包

9. 安装过程中下列哪个操作不是必需的？   （　　）

    A. 手动分区   B. 选择键盘类型

    C. 选择安装语言   D. 设置根密码

10. 初次启动 CentOS 6.5 时必须添加一个用户，此用户属于哪个类型的用户？ （　　）

    A. 超级用户   B. 系统用户

    C. 普通用户   D. 管理者用户

11. 系统引导的过程一般包括如下几步：（1）启动引导装载程序；（2）用户登录；（3）启动 Linux；（4）BIOS 自检。以下哪个顺序是正确的？   （　　）

    A.（4）（2）（3）（1）   B.（4）（1）（3）（2）

    C.（2）（4）（3）（1）   D.（1）（4）（3）（2）

12. 安全删除 Linux 必须进行哪两项操作？（1）删除引导装载程序；（2）删除超级用户；（3）删除 Linux 所用分区；（4）删除安装日志文件。   （　　）

    A.（1）和（2）   B.（3）和（4）

    C.（1）和（4）   D.（1）和（3）

二、简答题

1. CentOS 与 RHEL 有何联系和差异？

2. swap 分区有何用途？

3. 对比超级用户和普通用户对系统安全的影响。

第 **3** 章　X Window 图形化用户界面

本章首先介绍图形化用户界面的基本原理，然后以 GNOME 桌面环境为例，详细介绍 Linux 桌面环境下的基本操作方法，其中不仅包括面板等桌面环境的设置方法，而且还包括日期与时间等系统设置的操作方法。

本章要点

- 图形化用户界面；
- GNOME 桌面环境；
- GNOME 桌面环境设置；
- GNOME 系统设置。

3.1　图形化用户界面

X Window 是 Linux/UNIX 图形化用户界面的标准，目前绝大多数的 Linux 计算机上都运行 X Window 的某个版本。X Window 为 Linux 提供美观易用的图形化操作平台，是普通用户逐渐接受 Linux 的重要原因之一。

3.1.1　X Window 的基本原理

X Window 和 Windows 都提供图形化用户界面，在使用上也极其相似，但在结构上两者完全不同。X Window 本身不是操作系统，而是一种可运行于多种操作系统，采用客户机/服务器（Client/Server）模式的应用程序。X Window 主要由三部分组成：X 服务器（X Server）、X 客户机（X Client）与 X 协议（X Protocol），其工作模式如图 3-1 所示。

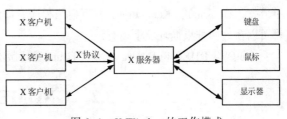

图 3-1　X Window 的工作模式

1. X 服务器

X 服务器是 X Window 的核心，负责接收来自输入设备（键盘、鼠标）的信息，并控制屏幕的显示。X 服务器响应 X 客户机的显示请求建立窗口，并在窗口中显示图形和文字。每一套显示设备只对应唯一的一个 X 服务器。

2．X 客户机

X 客户机是运行于图形化用户界面的应用程序。用户的输入信息由 X 服务器接收后，会传递给 X 客户机。X 客户机根据用户的需求运行后，再发出相应的请求传送给 X 服务器，最后由 X 服务器负责显示执行结果。

3．X 协议

X 协议是 X 服务器与 X 客户机之间传递信息所用的协议。只有借助 X 协议，X 客户机与 X 服务器才能相互交换信息。X 协议支持目前常用的网络通信协议，如 TCP/IP 等。

X 服务器与 X 客户机之间的通信方式可分为两类：

- X 服务器和 X 客户机在同一台计算机上运行，两者通过计算机的内部通信机制来传递信息。这是传统的图形化用户界面的工作方式。
- X 服务器和 X 客户机分别在一台计算机上运行，两者通过 TCP/IP 等网络协议进行通信，这是 X Window 特有的工作方式。此时，显示功能与应用程序的执行功能分别由不同的计算机来承担。

3.1.2　桌面环境

为了让图形化用户界面更具整体感、功能更完善，众多程序员基于 X Window 技术标准开发出直接面向用户的桌面环境。桌面环境为用户管理系统、配置系统及运行应用程序等提供统一的操作平台，令 Linux 在视觉表现和功能方面更加出色。

目前，Linux 最常用的桌面环境包括：GNOME（GNU Network Object Model Environment，GNU 网络对象模型环境）和 KDE（K Desktop Environment，K 桌面环境）。

GNOME 源自美国，是 GNU 计划的重要组成部分。它基于 Gtk+图形库，采用 C 语言开发完成。而 KDE 源自德国，基于 Qt 3 图形库，采用 C++语言开发完成。众多程序员基于这两大桌面环境还开发出大量的应用程序。这些应用程序的名字有一定的规律，通常以"G"开头的应用程序是在 GNOME 桌面环境下开发的，如 gedit、GIMP；而以"K"开头的应用程序则是在 KDE 桌面环境下开发，如 Kmail、Konqueror。所有应用程序，即使开发于不同的桌面环境，只要没有相互冲突都可以在这两种桌面环境下运行。

CentOS、RHEL 和 Fedora 的所有 Linux 发行版本均以 GNOME 为默认桌面环境。

3.2　GNOME 桌面环境

GNOME 桌面环境（见图 3-2）主要由以下三部分组成，分别是：

- 面板：位于桌面顶部和底部，与 Windows 中的任务栏作用类似。
- 菜单系统：位于顶部面板的最左侧，包含到应用程序和管理工具的快捷方式。
- 桌面：可放置多个图标和窗口，是用户的工作空间。

GNOME 桌面环境的使用方法和 Windows 非常相似。用户可以在桌面或面板上添加文件和程序的图标；可以拖动图标；双击图标就能打开对应的文件或程序；还可以利用配置工具来改变系统设置。

图 3-2　GNOME 桌面环境

3.2.1　鼠标和键盘操作

1. 鼠标的基本操作

GNOME 桌面环境支持三键鼠标，各键功能如下：

- 左键：单击选中和拖动对象，双击可启动应用程序、打开文件或文件夹。
- 右键：单击弹出快捷菜单。
- 中键：单击并拖动，实现粘贴或移动。

移动鼠标时，鼠标指针也随之移动。通常，鼠标指针的形状是指向左上方的小箭头，当处于不同的工作状态时，鼠标的形状也随之变化。

2. 常用快捷键

与 Windows 类似，GNOME 桌面环境也定义了一些快捷键组合方式。了解和掌握常用的快捷键，有助于快速而正确地进行操作。常用的快捷键如表 3-1 所示。

表 3-1　常用快捷键

快　捷　键	作　　用
F1	打开 GNOME 帮助浏览器
Alt+F1	打开"应用程序"菜单
Alt+F2	打开"运行应用程序"对话框
PrintScreen	复制整个桌面
Alt+ PrintScreen	复制当前窗口
Ctrl+Alt+→、←	切换工作区
Ctrl+Alt+D	最小化所有的窗口
Alt+Tab	以对话框形式切换已打开的窗口
Alt+Esc	直接切换已打开的窗口
Alt+Space	打开窗口控制菜单
F10	打开应用程序菜单栏的第一个菜单
Ctrl+X	剪切被选内容
Ctrl+C	复制被选内容
Ctrl+V	粘贴被选内容

3.2.2　GNOME 面板

利用 GNOME 面板可迅速启动常用应用程序、切换工作区、切换正在运行的应用程序，并显示时间等系统状态。顶部面板包括菜单系统、程序启动区、通知区域、时钟、用户名等内容，如图 3-3 所示。

图 3-3　顶部面板

底部面板包括任务栏、工作区切换器和回收站等部分，如图 3-4 所示。

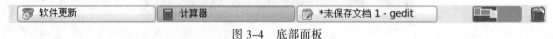

图 3-4　底部面板

GNOME 桌面环境下用户不必把所有正在运行的应用程序堆放在一个可视区域，而可以根据工作内容的不同，在不同的工作区（有时也称为虚拟桌面）内运行不同类别的应用程序。每个工作区相互独立。工作区切换器将每个工作区都显示为一个小方块，并显示工作区中打开的窗口的形状（见图 3-4）。单击工作区切换器中的小方块可切换到其他工作区。

任务栏显示当前桌面上正在运行的应用程序，当前应用程序窗口在任务栏中处于嵌入状态（见图 3-4）。

3.2.3　GNOME 菜单系统

GNOME 菜单系统包括应用程序菜单、位置菜单、系统菜单和快捷菜单。应用程序菜单几乎包括所有常用的应用程序，如图 3-5 所示。位置菜单包括到不同位置的链接，如主文件夹和桌面文件夹等，还可搜索文件和连接到服务器，如图 3-6 所示。系统菜单包含两个与设置有关的菜单项：首选项和管理，也包括系统注销、锁住屏幕和关机等功能，如图 3-7 所示。

快捷菜单与对象密切相关。在不同的窗口右击不同的对象，弹出的快捷菜单的选项会有所不同。例如，右击桌面任意空白位置，会弹出桌面快捷菜单，如图 3-8 所示。

| 图 3-5　应用程序菜单 | 图 3-6　位置菜单 | 图 3-7　系统菜单 | 图 3-8　桌面快捷菜单 |

3.2.4　GNOME 桌面

GNOME 桌面默认显示 3 个图标，分别是 "计算机"、用户的主文件夹（如 helen 的主文件夹）

和 "回收站"。挂载 U 盘或光盘后，桌面还会自动出现 U 盘或光盘图标。用户可以根据需要在桌面上为文件夹或应用程序新建图标。

双击 "计算机" 图标，打开 "计算机" 窗口，显示 "CD/DVD 驱动器" 和 "文件系统" 图标，如图 3-9 所示。单击上述图标可分别访问光盘或硬盘中的文件。

双击用户的主文件夹图标，进入该用户的用户主文件夹（目录）。超级用户的主文件夹是/root 文件夹，而普通用户的主文件夹通常是/home 文件夹下与用户名同名的子文件夹，也就是说 helen 用户的主文件夹是/home/helen。

单击窗口左上角的图标，打开窗口控制菜单，如图 3-10 所示。

图 3-9　"计算机" 窗口

图 3-10　窗口控制菜单

窗口控制菜单中部分菜单项的作用如下：

- 常居顶端：该窗口总是处于工作区的最上面，但有可能会挡住其他窗口。
- 总在可见工作区：该窗口显示在所有的工作区。
- 只在此工作区：该窗口仅显示在当前工作区。
- 移动到右侧工作区：该窗口从当前工作区移动至工作区切换器上的右侧工作区。例如，该窗口原本在 1 号工作区中，使用此命令后，该窗口会出现在 2 号工作区。

3.2.5　文件浏览器

GNOME 桌面环境包括一个名为 Nautilus 的文件浏览器，其功能类似 Windows 中的资源管理器，能以图形的方式显示本地或远程计算机的文件和文件夹信息。依次选择 "应用程序" → "系统工具" → "文件浏览器" 命令，打开 "文件浏览器" 窗口，如图 3-11 所示。按照文件浏览器的默认设置，文件和文件夹均以图标方式显示。图像文件显示为该图像的缩略图，文本文件显示为文本的开头内容。

图 3-11　文件浏览器图标视图

1．文件浏览器窗口

文件浏览器窗口主要由以下几部分组成：

（1）位置栏

位置栏的表现形式分别是：直接显示文件夹的绝对路径，如图 3-12（a）所示；以按钮表示文件夹的当前路径，如图 3-12（b）所示。单击最左侧的表现形式切换按钮，可在此两种表现形式之间切换。

（a）直接表示路径　　　　　　　　　　（b）以按钮表示路径

图 3-12　文件浏览器位置栏

相比而言，绝对路径更为灵活，用户可自行输入需要访问的文件夹路径，并按【Enter】键即可查看指定文件夹下文件和子文件夹的信息。不过，普通用户只能查看自己拥有权限的那些文件和文件夹，否则提示"无法显示文件夹内容"，如图 3-13 所示。

在文件浏览器的位置栏中甚至还可以输入 FTP 网站的 URL 地址，输入完成后按【Enter】键，弹出 FTP 连接对话框，如图 3-14

图 3-13　禁止访问/root 目录

所示。在此对话框中设置 FTP 连接方式：匿名连接或进行身份认证。若为身份认证方式，则需输入用户名和密码。连接成功后可查看该 FTP 服务器下的文件和文件夹信息，如图 3-15 所示。

图 3-14　选择 FTP 连接方式

图 3-15　文件浏览器列表视图

（2）显示方式按钮

主视图窗口的显示方式包括以下 3 种：

- 图标视图：文件浏览器的默认显示方式，如图 3-11 所示。
- 列表视图：不仅显示文件名，而且还显示文件大小、文件类型和修改日期信息，如图 3-15 所示。
- 紧凑视图：与图标视图较为接近，只是图标更小，如图 3-16 所示。

（3）显示比例按钮

单击 🔍 或 🔍 按钮，可调整主视图窗口的显示比例。显示比例可在 33%～400% 之间变化。图标视图和紧凑视图的默认显示比例为 100%，而列表视图的默认显示比例为 50%。

（4）侧边栏

侧边栏的显示方式包括如下几种：

- 位置：显示访问的位置，如图 3-11 所示。
- 信息：显示当前文件夹的信息，如图 3-15 所示。
- 树：显示文件系统的树状结构。
- 历史：显示最近浏览过的文件和文件夹列表。
- 备注：显示文件和文件夹的注释信息。
- 徽标：显示可用徽标。拖动徽标到文件或文件夹图标，为文件或文件夹设置徽标。一个文件或文件夹可拥有多个徽标，如图 3-16 所示。

徽标是文件浏览器特有的文件属性，其附加出现在文件和文件夹图标上，以表示文件和文件夹的特性。例如，在图 3-16 中 "参考答案.doc" 文件和 macau.jpg 文件分别设置重要（important）徽标和最爱（favorite）徽标。

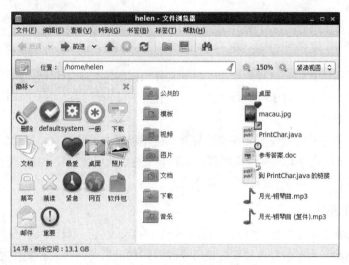

图 3-16　文件浏览器紧凑视图

（5）文件属性按钮

以列表方式显示文件时，位置栏下出现一排文件属性按钮："名称""大小""类型"和"修改日期"（见图 3-15）。文件浏览器默认按照名称对文件和文件夹进行排序，单击文件属性按钮可改变文件和文件夹的排序结果，再次单击将进行反向排序。

文件浏览器默认不显示隐藏文件，选中"查看"菜单中的"显示隐藏文件"复选框可显示出隐藏文件。

2．文件浏览器快捷菜单

右击文件夹弹出快捷菜单，如图 3-17 所示。右击主视图窗口的空白处，弹出快捷菜单，如图 3-18 所示。右击不同类型的文件，弹出不同的快捷菜单。各快捷菜单包含文件和文件夹基本操作的相关命令，与菜单栏中的命令功能相同。

利用文件浏览器的菜单栏或者快捷菜单，可以打开文件、压缩文件；进行文件剪切、复制、删除及粘贴操作；可以就地复制文件、创建文件的链接和修改文件属性等。

图 3-17　文件夹快捷菜单　　　　　图 3-18　窗口空白处快捷菜单

3．打开文件

不同的用户对同一文件可执行的操作，根据文件权限的不同而不相同。用户只有具有相应的权限才能进行相应的操作。对于可执行文件而言，打开意味着运行；而对于非执行文件而言，打开意味着查看文件的内容。

双击文件时，文件浏览器按照文件类型与默认应用程序的关联关系，启动默认的关联程序后打开文件。用户也可以选择利用其他应用程序来打开文件，利用快捷菜单或"文件"菜单中的"使用其他程序打开"组合，可选择合适的应用程序。

4．修改文件的属性

选定文件后选择"文件"菜单中的"属性"命令，打开文件的属性对话框。"基本"选项卡显示文件名、文件类型、大小、存放位置、最后修改时间和最后访问时间等文件的基本信息，并可修改文件名及其图标，如图 3-19 所示。"徽标"选项卡显示该文件正在使用的徽标，可为该文件添加或删除徽标，如图 3-20 所示。

图 3-19　"基本"选项卡　　　　　图 3-20　"徽标"选项卡

在"权限"选项卡中可设置该文件的权限等信息，详细说明可参考第 6 章。在"打开方式"选项卡中可设置默认打开该文件的应用程序，如图 3-21 所示。在"备忘"选项卡中可为文件设置注释信息，如图 3-22 所示。设置备忘信息后，文件图标上会出现注释标志。图 3-16 中，PrintChar 文件出现注释标志。

图 3-21　"打开方式"选项卡

图 3-22　"备忘"选项卡

5．书签功能

经常使用的文件夹可以利用文件浏览器的书签功能加以标记。添加书签时，首先打开需要标记的文件夹，然后选择"书签"菜单中的"添加书签"命令即可。今后只需在"书签"菜单中选择即可访问被标记的文件夹。选择"书签"菜单中的"编辑书签"命令，弹出"编辑书签"对话框，可修改书签的名称和书签所代表的文件夹路径，也可以删除指定的书签，如图 3-23 所示。

图 3-23　"编辑书签"对话框

3.2.6　中文输入

CentOS 6.5 桌面环境采用 IBUS（Intelligent Input Bus）输入法框架来整合多种输入方法并实现中文输入。默认安装的 IBUS 拼音输入法与 Windows 中的中文输入方法十分相似，按下【Ctrl+Space】组合键，打开中文输入法。IBUS 默认提供简体中文和繁体中文的 3 种输入法，分别是 Pinyin、Bopomofo 和 Chewing

启动中文输入后，按下英语字符键，自动打开中文输入条。输入条分为两个独立部分：输入编辑区和词条选择区，如图 3-24 所示，操作方法与

图 3-24　中文输入条

Windows 中的输入方法无差别。

3.2.7 帮助信息

1. GNOME 帮助浏览器

GNOME 桌面环境提供帮助浏览器程序，选择"系统"菜单的"帮助"命令即可启动该程序，如图 3-25 所示。单击其中的文字链接，可查看与此相关的帮助信息。帮助浏览器程序还提供搜索功能，能够在各种帮助文档中快速查找，大大提高用户获得帮助信息的速度。但是，部分帮助信息目前仍是英文的。

2. 应用程序的帮助信息

运行 GNOME 应用程序时，选择该程序"帮助"菜单中的"目录"或者"目录内容"命令也可查看该程序的帮助信息。例如，磁盘使用分析器的帮助信息如图 3-26 所示。

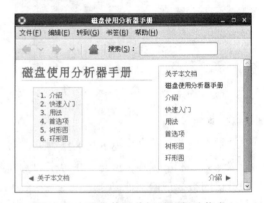

图 3-25　GNOME 帮助浏览器　　　　　　图 3-26　磁盘使用分析器的帮助信息

3. 相关帮助文件

默认情况下，CentOS 的每个应用程序都将帮助信息文件放置在/usr/share/doc 文件夹。因此，用户也可以直接浏览此文件夹中相关程序的帮助文件来获取帮助信息。在文件浏览器的位置栏输入帮助文件所在文件夹的路径"/usr/share/doc"，按【Enter】键，显示所有应用程序的帮助文档信息，如图 3-27 所示。

图 3-27　各应用程序的帮助文件夹

3.3　GNOME 桌面环境设置

3.3.1　设置面板

默认情况下，GNOME 桌面环境的系统面板如图 3-3 和图 3-4 所示。用户可根据需要设置系统面板，以方便使用，提高工作效率。

1. 设置面板属性

右击面板空白处，弹出的快捷菜单，如图 3-28 所示。从面板快捷菜单中选择"属性"命令，弹出"面板属性"对话框，可对系统面板的属性进行设置。"常规"选项卡中可将系统面板设置为自动或手动隐藏；可以将其放置在桌面的任意一侧；可以改变面板的大小等，如图 3-29 所示。在"背景"选项卡中可设置面板的背景图片和颜色等，如图 3-30 所示。

图 3-28　面板快捷菜单

图 3-29　"常规"选项卡

2. 添加对象

从面板快捷菜单中选择"添加到面板"命令，弹出"添加到面板"对话框，可在面板上添加各种对象，如图 3-31 所示。

选择"自定义应用程序启动器"并单击"添加"按钮，弹出"创建启动器"对话框。在此对话框中输入应用程序的名称及所在位置（如 /usr/bin/gedit），并设置图标，则将在面板上添加该应用程序的启动器（图标），如图 3-32 所示。

图 3-30　"面板属性"的"背景"选项卡

图 3-31　添加对象到面板

回到"添加到面板"对话框（见图 3-31）选择"应用程序启动器"，单击"前进"按钮，弹出"添加到面板"对话框，如图 3-33 所示。

面板上有多个程序启动器（图标）时会显得非常凌乱，而"抽屉"正可以解决这一问题。选择"添加到面板"对话框中的"抽屉"选项，单击"添加"按钮可在面板上添加一个抽屉，然后可将面板上的各类程序启动器（图标）移动到抽屉中。其实抽屉就是一种特殊的面板。

图 3-32 "启动器属性"对话框　　　　　图 3-33 添加应用程序启动器到面板

图 3-34 显示顶部面板已添加一个抽屉，且该抽屉已收纳"搜索文件""桌面便签"和"显示桌面"3 个按钮。

图 3-34 添加对象后的面板

3．添加新面板

桌面上默认只有上下两个面板。GNOME 桌面环境允许用户添加新面板。选择面板快捷菜单中的"新建面板"命令，在桌面的左右两侧会出现扩展的空白面板。

4．删除和移动面板对象

右击面板对象会弹出快捷菜单，从中选择不同的命令可实现不同的功能。不同对象的快捷菜单略有不同。例如，选择"从面板上删除"命令可删除所选对象。选择"移动"命令，可以移动对象位置，可以把对象移动到抽屉或者其他面板。选中"锁定到面板"复选框，则当前对象不可移动。

5．设置工作区

右击底部面板的工作区切换器，弹出快捷菜单，从中选择"首选项"命令，弹出"工作区切换器首选项"对话框，如图 3-35 所示。在此对话框中可设置工作区的数量、名称和显示形式。工作区默认数量为 2，最多可增加到 36。

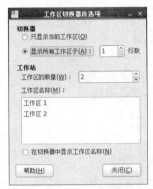

图 3-35　"工作区切换器首选项"对话框

图 3-36　"首选项"菜单

3.3.2　设置外观

对桌面进行适当的布置和装饰，可使计算机的工作界面更加美观。在 GNOME 桌面环境下选择"系统"菜单中"首选项"命令，展开如图 3-36 所示的子菜单，选择其中各项就可对桌面进行配置。

选择"首选项"菜单中的"外观"命令，弹出"外观首选项"对话框（见图 3-37），可设置桌面主题。GNOME 提供九大主题，也允许用户自定义主题。GNOME 桌面环境默认采用 System 主题，此时选中其他主题，桌面图标和系统面板等均会发生变化。单击"自定义"按钮，弹出"自定义主题"对话框。，用户可从"控制""色彩""窗口边框""图标"和"指针"5 个选项卡中选择不同的类型来形成自己的主题，如图 3-38 所示。

图 3-37　"主题"选项卡

图 3-38　"自定义主题"对话框

在"字体"选项卡中可设置默认的应用程序字体、文档字体、桌面字体、窗口标题字体、等宽字体以及字体渲染方式，如图 3-39 所示。单击字体按钮，弹出"拾取字体"对话框，可设置字体、字体样式和大小，如图 3-40 所示。

图 3-39 "字体"选项卡

图 3-40 "拾取字体"对话框

选择"首选项"菜单中的"显示"命令可改变屏幕的分辨率和刷新频率，如图 3-41 所示。而选择"窗口"命令，可设置标题栏动作，如图 3-42 所示。

图 3-41 "显示首选项"对话框

图 3-42 "窗口首选项"对话框

3.3.3 设置桌面

选择"首选项"菜单中的"外观"命令，或从桌面快捷菜单中选择"更改桌面背景"命令，弹出"外观首选项"对话框。在"背景"选项卡（见图 3-43）中用户可改变桌面的背景图片，既可以使用系统提供的背景图片，也可以使用网络上的其他图片。

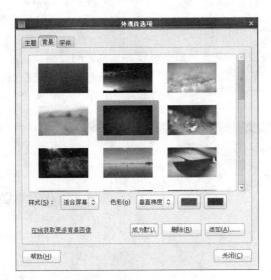

图 3-43　"背景"选项卡

在"样式"下拉列表框中可设置图片的显示方式：适合屏幕、平铺、缩放、居中或按比例。桌面背景也可以不使用图片。从桌面壁纸列表中选择"无桌面背景"图标，设置色彩方式为：纯色或渐变色（水平梯度或垂直梯度），选定颜色即可。

选择"首选项"菜单中的"屏幕保护程序"命令，弹出"屏幕保护程序首选项"对话框，如图 3-44 所示。用户既可选择"黑屏幕"作为屏保画面，也可选择"随机"出现浮动的脚、流行艺术方块、宇宙等图片作为屏保画面。另外，还可设置屏幕保护选项：

- 于此时间后视计算机为空闲：拖动滑块设置用户多长时间未使用将自动运行屏幕保护程序。执行前提：选中"计算机空闲时激活屏幕保护程序"复选框。
- 计算机空闲时激活屏幕保护程序：选中此复选框，则在"于此时间后视计算机为空闲"设定的时间后自动运行屏幕保护程序。
- 屏幕保护程序激活时锁定屏幕：选中此复选框则需要输入密码才能解除屏幕保护。

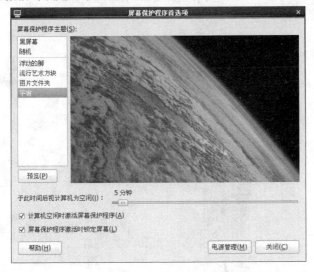

图 3-44　"屏幕保护程序首选项"对话框

3.3.4　设置键盘和鼠标

选择"首选项"菜单中的"键盘"命令可设置重复键的延时和速度、文本区中光标的闪烁速度等，如图 3-45 所示。选择"键盘快捷键"命令可设置增加或删除组合键，还可以改变组合键的作用，如图 3-46 所示。

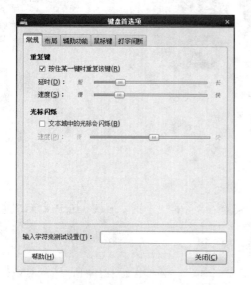

图 3-45　"键盘首选项"的"常规"选项卡　　　　图 3-46　设置键盘快捷键

选择"首选项"菜单中的"鼠标"命令，弹出"鼠标首选项"对话框。在"常规"选项卡中可将鼠标设置为左手鼠标，并可设置鼠标延时等，如图 3-47 所示。在"辅助功能"选项卡中还可设置鼠标手势等，如图 3-48 所示。

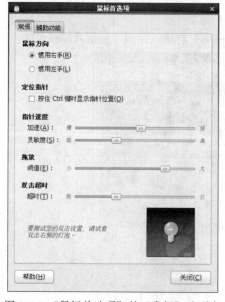

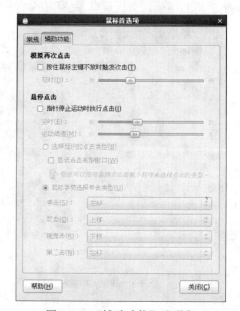

图 3-47　"鼠标首选项"的"常规"选项卡　　　　图 3-48　"辅助功能"选项卡

3.3.5　设置声卡

选择"首选项"菜单中的"声音"命令，弹出"声音首选项"对话框。在"声音效果"选项卡（见图 3-49）中可设置音量和声音主题等。"硬件"选项卡（见图 3-50）显示声卡设备信息，并可测试扬声器效果。在"输入"选项卡中（见图 3-51）可设置输入音量以及输入设备；在"输出"选项卡中（见图 3-52）可选择输出设备，并设置左右声道平衡。

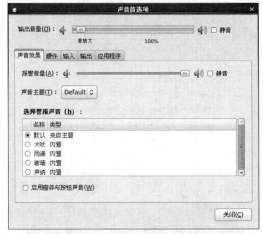

图 3-49　"声音效果"选项卡

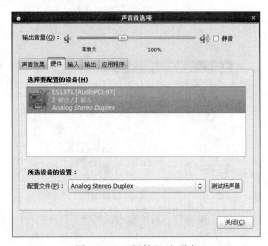

图 3-50　"硬件"选项卡

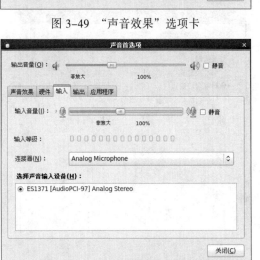

图 3-51　"输入"选项卡

图 3-52　"输出"选项卡

3.3.6　设置输入法

选择"首选项"菜单中的"输入法"命令，弹出"IM Chooser-输入法配置工具"对话框，如图 3-53 所示。系统推荐使用 IBUS 输入法框架，单击"首选输入法"按钮，弹出"IBUS 设置"对话框。在"常规"选项卡中可改变启动 IBUS 输入法框架的启动方式和输入法切换方式，如图 3-54 所示。在"输入法"选项卡（见图 3-55）中可删除不使用的输入法，以方便切换到常用输入法，单击"选择输入法"下拉列表框可增加输入法。在"高级"选项卡（见图 3-56）中可设置是否使用系统键盘布局，一般不需要修改。

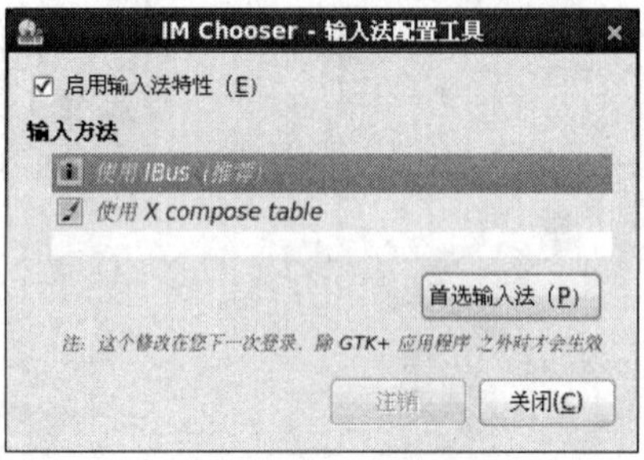

图 3-54　"常规"选项卡

图 3-53　启动输入法配置工具

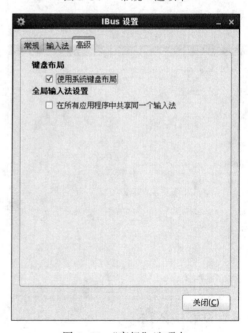

图 3-55　"输入法"选项卡

图 3-56　"高级"选项卡

3.3.7　设置开机自启应用程序

选择"首选项"菜单中的"启动应用程序"命令，可设置开机自动启动的程序列表，如图 3-57 所示。单击"添加"按钮，弹出"添加启动程序"对话框，输入启动时需要执行的应用程序的名称和完整路径即可，如图 3-58 所示。设置结果下次开机时起效。

图 3-57　"启动程序"选项卡

图 3-58　"添加启动程序"对话框

3.3.8　设置电源

选择"首选项"菜单中的"电源管理"命令，弹出"电源首选项"对话框。在"交流电供电时"选项卡中可设置使用电池（交流供电）时，多长时间空闲将把显示器转入休眠状态，还可设置多长时间空闲后将把主机转入休眠状态，如图 3-59 所示。在"常规"选项卡中可设置通知区域中是否显示图标等，如图 3-60 所示。

图 3-59　"交流电供电时"选项卡

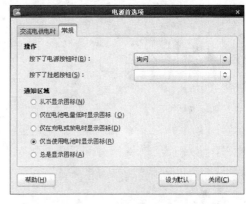

图 3-60　"常规"选项卡

3.3.9　设置文件管理

选择"首选项"菜单中的"文件管理"命令，打开"文件管理首选项"对话框，可对文件的管理方式进行多项设置。

在"视图"选项卡中可设置默认的查看方式（图标视图、列表视图或紧凑视图），设置文件的排列依据（名称、大小、类型、修改时间或徽标），以及是否显示隐藏文件和备份文件等，如图 3-61 所示。在"行为"选项卡中可设置如何打开文件和文件夹；可执行文本文件的执行动作（执行或查看）以及删除文件时是否需要用户确认等，如图 3-62 所示。

图 3-61 "视图"选项卡　　　　　　　图 3-62 "行为"选项卡

在"显示"选项卡中可设置当图标比例放大时，图标下方显示哪些信息，如图 3-63 所示。在"列表列"选项卡中可设置列表视图下显示的项目，如图 3-64 所示。

图 3-63 "显示"选项卡　　　　　　　图 3-64 "列表列"选项卡

在"预览"选项卡中可设置文本文件、图片文件、声音文件和文件夹预览时的操作，如图 3-65 所示。在"介质"选项卡中可设置移动介质（光盘和 U 盘）读取时是否根据文件类型自动播放等，如图 3-66 所示。

图 3-65　"预览"选项卡

图 3-66　"介质"选项卡

3.3.10　设置软件更新方式

选择"首选项"菜单中的"软件更新"命令，弹出"软件更新首选项"对话框（见图 3-67），可设置软件更新的频率和是否自动安装。

图 3-67　"软件更新首选项"对话框

3.4　GNOME 系统设置

选择系统菜单中的"管理"命令，展开如图 3-68 所示子菜单，选择其中的配置项，就可对 CentOS 6.5 进行系统配置，如设置日期和时间等。系统设置将影响整个计算机系统的使用，因此普通用户只能查看系统设置的信息，而如需修改则必须具备超级用户权限。

以普通用户账号登录到系统后，选择"管理"菜单中需要超级用户权限的设置项时，弹出"查询"对话框（见图 3-69），要求输入超级用户（root）的密码。认证成功后才能进行系统设置。

图 3-68　"管理"菜单

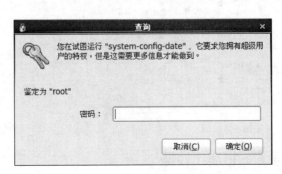

图 3-69　输入超级用户密码

3.4.1　设置日期和时间

只有超级用户才能对系统时间进行修改，从"管理"菜单中选择"日期和时间"命令，打开"日期/时间属性"窗口。在"日期和时间"选项卡中可设置系统时间；在"时区"选项卡中可设置时区，如图 3-70 和图 3-71 所示。

图 3-70　"日期和时间"选项卡　　　　　　　图 3-71　"时区"选项卡

3.4.2　设置软件更新内容

选择"管理"菜单中的"软件更新"命令，打开"软件更新"窗口。系统自动显示可供更新的软件列表，超级用户可根据需要选择安装更新，而普通用户只能查看信息，如图 3-72 所示。

图 3-72　"软件更新"窗口

3.4.3　设置内核崩溃转储

选择"管理"菜单中的"内核崩溃转储"命令，打开"内核转储配置"窗口，如图 3-73 所示。内核崩溃转储（Kdump）工具当系统发生崩溃时将捕捉当前运行信息并保存到 dump 文件中以供系统管理员分析崩溃原因。超级用户在此窗口可改变 Kdump 可占用的内存空间大小、信息的保存路径等，与系统首次引导时的设置界面一致；普通用户只能查看上述信息。

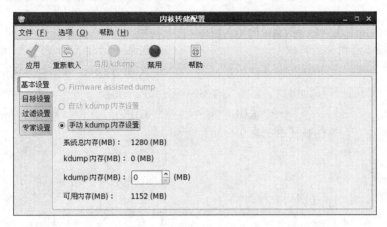

图 3-73　"内核转储配置"窗口

在"管理"菜单中还包含其他系统设置，将在后续章节中介绍，在此不一一讲述。

小　　结

X Window 是 Linux 图形化用户界面的技术标准，由 X 服务器、X 客户机和 X 协议三部分组成。X 服务器负责接收输入设备的信息，并控制屏幕显示；X 客户机负责执行用户要求的任务，而 X 协议是 X 服务器和 X 客户机信息传递的桥梁。

Linux 拥有两大桌面环境：GNOME 和 KDE。GNOME 基于 Gtk+图形库，采用 C 语言开发完成。KDE 基于 Qt 3 图形库，采用 C++语言开发完成。CentOS 6.5 的默认桌面环境是 GNOME。

GNOME 桌面环境由面板、菜单系统和桌面三部分组成，其中菜单系统是系统管理和运行的核心。GNOME 提供多工作区（虚拟桌面）功能，方便用户根据工作内容放置多个应用程序窗口。工作区之间相互独立，利用工作区切换器实现工作区之间的切换。CentOS 6.5 的 GNOME 默认提供 2 个工作区，最高可增至 36 个。

GNOME 使用 Nautilus 文件浏览器管理文件和文件夹，提供图标、列表和紧凑 3 种视图方式，可为文件添加徽标和备忘信息。

GNOME 桌面环境采用 IBUS（Intelligent Input Bus）输入法框架来整合多种输入方法并实现中文输入。默认提供简繁体中文的 3 种输入法供用户选择。

利用"首选项"菜单，可设置桌面环境、键盘和鼠标、声卡、输入法、电源以及文件管理等；利用"管理"菜单可设置系统日期和时间、软件更新内容和内核崩溃转储等。

习 题

选择题

1. X Window 由 X 服务器、X 客户机和 X 协议组成，控制屏幕的工作是由哪部分承担？ （　　）
   A. X 服务器和 X 客户机　　　　　　　　B. X 服务器和 X 协议
   C. X 客户机　　　　　　　　　　　　　　D. X 服务器

2. Linux 最常用的图形化用户界面主要有 GNOME 和以下哪项？ （　　）
   A. CDE　　　　　　　B. KDE　　　　　　C. GDE　　　　　　D. Windows

3. GNOME 窗口标题的默认字体和字号是什么？ （　　）
   A. Sans 10　　　　　　　　　　　　　　B. Serif 12
   C. MonoSpace 10　　　　　　　　　　　D. Times New Roman 12

4. 以下哪项设置需要超级用户权限？ （　　）
   A. 修改系统时间　　　　　　　　　　　B. 查看系统服务信息
   C. 改变桌面背景　　　　　　　　　　　D. 设置软件更新频率

5. 文件浏览器可设置的文件属性不包括以下哪项？ （　　）
   A. 权限　　　　　　B. 徽标　　　　　　C. 修改时间　　　　D. 打开方式

6. "首选项"菜单和"管理"菜单均包含"软件更新"命令，下列说法不正确的是哪个？
   　　　　　　　　　　　　　　　　　　　　　　　　　　　　　　　　（　　）
   A. "首选项"菜单中的"软件更新"命令可设置软件更新的频率
   B. "管理"菜单中的"软件更新"命令可查看到待更新软件包数量和大小
   C. "管理"菜单中的"软件更新"命令中普通用户也能执行安装更新
   D. "首选项"菜单中的"软件更新"命令可设置自动更新软件包

第 **4** 章 —————

字符界面与 Shell

本章简要介绍字符界面的基本概念，以最常用的 Shell 命令为例说明 Shell 命令的基本功能，再深入介绍通配符、重定向、管道、历史记录、别名和自动补全等 Shell 功能。此外，还介绍屏幕文本编辑器 vi 的使用方法，以及图形化用户界面与字符界面的相互关系。

本章要点

- 字符界面；
- 简单 Shell 命令实例；
- 深入 Shell；
- 文本编辑器 vi；
- 图形化用户界面与字符界面。

4.1 字 符 界 面

Linux 与 UNIX 操作系统类似，在字符界面下使用相关的 Shell 命令就可以完成操作系统的所有任务。而图形化用户界面的出现，为用户提供了简便易用的操作平台。虽然图形化用户界面比较简单直观，但是使用字符界面的工作方式仍然十分常见。这主要是因为：

- 目前的图形化用户界面还不能完成所有的系统操作，部分操作仍然必须在字符界面下进行。
- 字符界面占用的系统资源较少，同一硬件配置的计算机仅运行字符界面时比运行图形化用户界面时速度快。
- 对于熟练的系统管理人员而言，字符界面更加直接高效。

相信随着图形化用户界面的发展，将会有越来越多的操作可以在图形化用户界面下成功完成。但是，要熟练使用 Linux 操作系统，字符界面及 Shell 命令仍然是必须要掌握的核心内容。掌握 Shell 命令后，无论是使用哪种发行版本的 Linux 都会感到得心应手、运用自如。

4.1.1 虚拟终端

Linux 具备虚拟终端（Virtual Terminal）功能，可为用户提供多个互不干扰、独立工作的工作界面。操作 Linux 计算机时，用户面对的虽然只是一套物理终端设备，但是仿佛在操作多个终端设备。

每个虚拟终端相互独立，用户可以相同或不同的账号登录各虚拟终端，同时使用计算机。

虚拟终端之间可以相互切换，具体方法如下：

- 使用【Alt+F*n*】(*n* 为终端号)组合键可从字符界面的虚拟终端切换到其他虚拟终端，例如在 2 号虚拟终端按下【Alt+F3】组合键，切换到 3 号虚拟终端。
- 使用【Ctrl+Alt+F*n*】(*n* 为终端号)组合键则可从图形化用户界面切换到字符界面的虚拟终端，例如在图形化用户界面按下【Ctrl+Alt+F3】组合键，切换到 3 号虚拟终端。

4.1.2 登录

CentOS 6.5 字符界面默认使用英文，如图 4-1 所示。即使在安装时指定系统的默认语言为简体中文，字符界面下中文字符也不能正常显示。只有安装中文平台后才能正常显示中文。

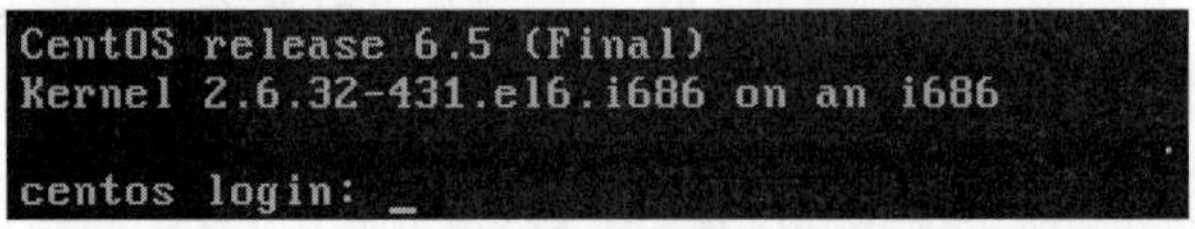

图 4-1　字符界面

在此字符界面上，第一行信息表示当前使用的 Linux 的发行版本是 CentOS，版本号为 6.5。第二行信息显示 Linux 内核版本是 2.6.32-431.el6，以及本机的 CPU 型号是 i686。（Linux 将 Intel 奔腾以上级别的 CPU 都表示为 i686。）第三行信息显示本机的主机名为 centos。如果未设置主机名，则显示系统的默认主机名 localhost。光标在 "login:" 后，表明正在等待输入用户名。

输入用户名后按【Enter】键，出现 "Password:" 字样，等待输入该用户的密码。输入密码后，按【Enter】键。用户名和密码均无误，则成功登录 Linux 系统，如图 4-2 所示，系统等待用户输入 Shell 命令。

图 4-2　成功登录后的字符界面

与 Windows 不同的是：Linux 字符界面下输入密码时，屏幕上没有任何显示内容，并不会出现类似 "****" 的字符串来提醒用户已经输入几个字符。这种方法进一步提高了系统的安全性。

只要不是第一次登录系统，屏幕都会显示该用户账号上次登录系统的时间以及登录的终端号。如图 4-2 所示，jerry 用户上一次登录系统的时间是 7 月 9 日（周一）14:00:11，终端号是本机的第 3 号虚拟终端。

由于 Linux 操作系统内部存在电子邮件系统，用户登录系统时有时还可能出现类似 You hava a mail 等信息，提醒用户有新的电子邮件。

4.1.3 Shell 命令

字符界面下，用户对 Linux 的操作通过 Shell 命令来实现。在第 1 章中已经提到 Shell 是 Linux 内核与用户之间的接口，其负责解释执行用户从终端输入的命令行。从用户登录到用户注销的整个期间，用户输入的每个命令都要经过 Shell 的解释才能执行。

Shell 可执行的用户命令可分为两大类：内置命令和实用程序，其中实用程序又可以分为四大类别，如表 4-1 所示。本书重点介绍内置命令和 Linux 程序。

表 4-1　Shell 可执行的用户命令

命 令 类 型		功　　能
内置命令		为提高执行效率，部分最常用命令的解释器构筑于 Shell 内部
实用程序	Linux 程序	存放在/bin、/sbin 目录中的 Linux 自带的命令
	应用程序	存放在/usr/bin、/usr/sbin 等目录中的应用程序
	Shell 脚本	用 Shell 语言编写的脚本程序
	用户程序	用户编写的其他可执行程序

Shell 对于用户输入的命令，有以下 3 种处理方式：

- 如果用户输入的是内置命令，那么由 Shell 的内部解释器进行解释，并交由内核执行。
- 如果用户输入的是实用程序命令，而且给出了命令的路径，那么 Shell 会按照用户提供的路径在硬盘中查找。如果找到则调入内存，交由内核执行；否则输出提示信息。
- 如果用户输入的是实用程序命令，但是没有给出命令的路径，那么 Shell 会根据 PATH 环境变量所指定的路径依次进行查找。如果找到则调入内存，交由内核执行；否则输出提示信息。

1．Shell 命令提示符

成功登录 Linux 后出现 Shell 命令提示符，如：

```
[root@centos    ~]#          超级用户的命令提示符
[jerry@centos       ~]$       普通用户 jerry 的命令提示符
```

其具体含义分别为：

- [ ]以内@之前为已登录的用户名(如 root、jerry)，[ ]以内@之后为计算机的主机名(如 centos)。如果未设置主机名，则默认显示为 localhost。其次为当前目录名（ 如 etc ）。~ 表示用户的主目录，超级用户 root 的主目录为/root，而普通用户的主目录为/home 中与用户名同名的目录，如 jerry 的默认主目录为/home/jerry。

- [ ]外为 Shell 命令的提示符号，"#"是超级用户的提示符(见图 4-3)，而普通用户的提示符为 "$"。如图 4-3 所示。

图 4-3　Shell 命令提示符

2．Shell 命令格式

在 Shell 命令提示符后，用户可输入相关的 Shell 命令。Shell 命令由命令名、选项和参数三部分组成，其基本格式如下，其中方括号部分表示可选部分。

命令名　[选项]　[参数] ↓

- 命令名是描述该命令功能的英文单词或缩写，如查看时间的 date 命令，切换目录的 cd 命令等。Shell 命令中命令名必不可少，并且总是放在整个命令行的起始位置。
- 选项是执行该命令的限定参数或者功能参数。同一命令采用不同的选项，其功能各不相同。选项可以有一个，也可以有多个，甚至还可能没有。选项通常以 "–" 开头，当有多个选项时，可以只使用一个 "–" 符号，如 "ls –l –a" 命令与 "ls –la" 命令功能完全相同。另外，部分选项以 "––" 开头，这些选项通常是一个单词，还有少数命令选项不需要 "–" 符号。
- 参数是执行该命令所必需的对象，如文件、目录等。根据命令的不同，参数可以有一个，也可以有多个，甚至还可能没有。

- "↙"表示【Enter】键。任何命令行都必须按【Enter】键结束。

如关机命令 shutdown –h now 中 shutdown 是命令名，而后继的–h 与 now 则分别是该命令的选项和参数。

最简单的 Shell 命令只有命令名，而复杂的 Shell 命令可以包括多个选项和参数。命令名、选项与参数之间，参数与参数之间都必须用空格分隔。Shell 自动过滤多余的空格，连续的空格会被 Shell 视为一个空格。

Linux 系统严格区分英文字母的大小写，同一字母的大小写被看作不同的符号。因此，无论是 Shell 的命令名、选项名还是参数名都必须注意大小写。例如，ls 命令可显示当前目录中的文件和子目录信息，而输入 LS 则提示"–bash：LS：command not found（Bash 未找到 LS 命令）"信息，如图 4-4 所示。

```
[root@centos ~]# LS
-bash: LS: command not found
[root@centos ~]# ls
anaconda-ks.cfg  install.log  install.log.syslog
```

图 4-4　正确输入 Shell 命令

4.1.4　注销、重启与关机

1. 注销

已经登录的用户如果不再需要使用系统，则应该注销，即退出登录状态。在字符界面下可使用的方法有两种：输入 exit 命令或者使用【Ctrl+D】组合键。

Linux 是多用户操作系统，注销表示一个用户不再使用系统，而正在使用计算机的其他用户的操作并不会受到影响。退出登录后，虚拟终端又恢复到如图 4-1 所示的界面，等待其他用户登录。

2. 重启

输入命令 reboot 或 shutdown –r now，将重新启动计算机。

3. 关机

无论使用哪种操作系统，关机都不是简单的关闭电源。特别是对于 Linux 操作系统而言，由于采用磁盘高速缓冲存储技术，一些数据在系统繁忙时并没有保存到硬盘上，直接关机将造成数据丢失，严重时甚至会造成系统崩溃。

输入 halt 或者 shutdown –h now 命令，将立即关闭计算机。

在关机过程中，Linux 会终止所有在后台运行的守护进程，卸载所有的文件系统，然后关闭电源。关机信息如图 4-5 所示。

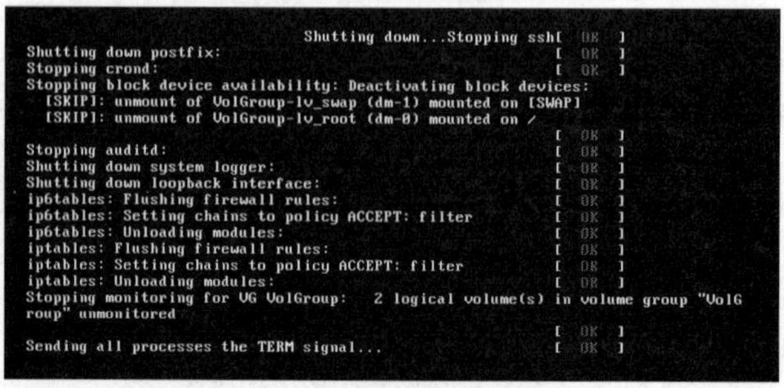

```
                        Shutting down...Stopping ssh[  OK  ]
Shutting down postfix:                            [  OK  ]
Stopping crond:                                   [  OK  ]
Stopping block device availability: Deactivating block devices:
  [SKIP]: unmount of VolGroup-lv_swap (dm-1) mounted on [SWAP]
  [SKIP]: unmount of VolGroup-lv_root (dm-0) mounted on /
Stopping auditd:                                  [  OK  ]
Shutting down system logger:                      [  OK  ]
Shutting down loopback interface:                 [  OK  ]
ip6tables: Flushing firewall rules:               [  OK  ]
ip6tables: Setting chains to policy ACCEPT: filter [  OK  ]
ip6tables: Unloading modules:                     [  OK  ]
iptables: Flushing firewall rules:                [  OK  ]
iptables: Setting chains to policy ACCEPT: filter [  OK  ]
iptables: Unloading modules:                      [  OK  ]
Stopping monitoring for VG VolGroup:   2 logical volume(s) in volume group "VolG
roup" unmonitored

Sending all processes the TERM signal...          [  OK  ]
```

图 4-5　关机信息

4．关机与重启的实用技巧

在实际应用中，由于 Linux 是多用户操作系统，同一时间可能有多个用户正在使用，立即关机可能导致其他用户的工作被突然打断。因此，通常系统管理员在关机或重新启动之前都会提前发出提示信息，提醒所有的用户系统即将关机或重新启动，并预留一段时间让用户结束各自的工作，并退出登录。常用的关机和重启命令如下所示：

```
shutdown -h 10          10 分钟后关机
shutdown -r 10          10 分钟后重启
```

输入 shutdown –h 10 命令，系统会立即向所有的终端发送 The system is going DOWN for halt in 10 minutes（系统将在 10 分钟后关闭）信息，并且每分钟会再发送一次提醒信息，如图 4-6 所示。预定时间到期后，系统自动进行关机操作。

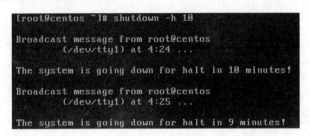

图 4-6　提示 10 分钟后关机

当然，在预定时间到期之前也可以使用【Ctrl+C】组合键取消关机操作，系统将停止向所有终端发送提醒信息。另外，甚至可以把关机命令写成 shutdown –h +4 The computer will shutdown in 4 minutes，则在发送倒计时信息以外，还会发送超级用户设置的 The computer will shutdown in 4 minutes 信息。

4.2　简单 Shell 命令实例

Shell 命令是熟练运用 Linux 的基石，但是 Linux 中的 Shell 命令数量众多、选项繁杂，不易全部掌握。本书选择性介绍最常用的 Shell 命令，以及各 Shell 命令最常用的选项。

4.2.1　与时间相关的 Shell 命令

1. date 命令

格式：date　　[MMDDhhmm[YY][YYYY]]

功能：查看或修改系统时间。

【例 4-1】查看系统时间。

```
[jerry@centos ~]$ date
Wed April  23 17:19:49 CST 2014
```

date 命令的显示内容依次为星期、月份、日期、小时、分钟、秒和年。例 4-1 中当前的系统时间为 2014 年 4 月 23 日 17 时 19 分 49 秒，星期三。

【例 4-2】将当前系统时间修改为 8 月 5 日 14 时。

```
[root@centos ~]# date  08051400
```

```
Tue  Aug  5  14:00:00  CST 2014
[root@centos ~]# date
Tue  Aug  5  14:00:02  CST 2014
```

用户必须拥有超级用户权限才能修改系统时间。修改系统时间时必须按照月份、日期、小时、分钟、年的顺序表示，其中年份可占 4 位也可占 2 位，其他部分各占 2 位，不足 2 位的添 0 补足。年份可省略，而其他部分不可省略。常用的命令如下所示：

date 08152004	将系统时间设置为 8 月 15 日 20 时 04 分
date 081520042018	将系统时间设置为 2018 年 8 月 15 日 20 时 04 分

2. cal 命令

格式：`cal   [YYYY]`

功能：显示日历。

【例 4-3】显示本月的日历。

```
[jerry@centos ~]$ cal
       August   2014
Su  Mo  Tu  we  Th  Fr  Sa
                    1   2
3   4   5   6   7   8   9
10  11  12  13  14  15  16
17  18  19  20  21  22  23
24  25  26  27  28  29  30
31
```

4.2.2   与文件和目录相关的 Shell 命令

1. pwd 命令

格式：`pwd`

功能：显示当前目录的绝对路径。

Linux 中路径可分为绝对路径和相对路径。绝对路径是指从根目录（/）开始到当前目录（文件）的路径，而相对路径是指从当前目录到其下子目录（文件）的路径。目录之间的层次关系总是用"/"来表示。

2. cd 命令

格式：`cd   [目录]`

功能：切换到指定目录。

Linux 的 cd 命令跟 MS–DOS 中的 cd 命令功能非常相似，如"cd .."命令可切换到上一级目录。

【例 4-4】切换到/usr 目录。

```
[jerry@centos ~]$ cd /usr
[jerry@centos usr]$ pwd
/usr
[jerry@centos usr]$ cd local
[jerry@centos usr]$ pwd
/usr/local
```

利用 cd 命令切换目录时，既可采用绝对路径（如 cd /usr），也可采用相对路径（如 cd local）。

采用相对路径时，是指切换到当前目录中的某个子目录。

【例 4-5】切换到用户主目录。

```
[jerry@centos local]$ pwd
/usr/local
[jerry@centos  local]$ cd
[jerry@centos ~]$ pwd
/home/jerry
[jerry@centos  local]$ cd ..
[jerry@centos  ~]$ pwd
/home
```

"cd ~" 命令和 "cd" 命令作用相同，均能切换到用户的主目录。由于目录的权限限制，使用 cd 命令时可能会遇到不能切换到相应目录的情况，如下所示，提示 Permission denied（权限不允许）。

```
[jerry@centos  usr]$ cd  /root
bash: cd: /root: Permission denied
```

3. ls 命令

格式：ls ［选项］ ［文件|目录］

功能：显示指定目录中的文件和子目录信息。当不指定目录时，显示当前目录中的文件和子目录信息。

主要选项说明：

-a   显示所有文件和子目录，包括隐藏文件和隐藏子目录。Linux 中的隐藏文件和隐藏子目录以 "." 开头

-l   显示文件和子目录的详细信息，包括文件类型、权限、所有者和所属组群、文件大小、最后修改时间、文件名等信息

-d   参数应是目录，只显示目录的信息，而不显示其中所包含的文件的信息

-t   按照时间顺序显示文件，新的文件排在前面。ls 命令默认按照字母顺序排列

-R   不仅显示指定目录的文件和子目录信息，而且还递归地显示各子目录中的文件和子目录信息

【例 4-6】查看当前目录中的文件和子目录信息。

```
[jerry@centos ~]$ ls
dd
```

不使用任何选项和参数时，ls 命令默认按照字母顺序显示当前目录的文件和子目录信息，不包括隐藏文件和隐藏子目录。

用户若登录过中文 GNOME 桌面环境，此时使用命令 ls 查看其用户主目录，则登录时 GNOME 桌面环境自动建立的 8 个中文标准文件夹（桌面、下载、模板、公共的、文档、音乐、图片和视频）将显示为乱码。

【例 4-7】查看当前目录中所有文件和子目录的详细信息。

```
[jerry@centos ~]$ ls  -al
total 32
drwx------  17  jerry   jerry  4096    Apr 5 22:10 .
drwxr-xr-x 9   root    root   4096    Apr 5 21:33 ..
-rw-------  1   jerry   jerry  24      Apr 15 21:58    .bash_history
-rw-r--r--  1   jerry   jerry  24      Feb 14 13:15    .bash_logout
```

```
-rw-r--r--   1   jerry   jerry   176    Feb 14 13:15   .bash_profile
-rw-r--r--   1   jerry   jerry   124    Feb 14 13:15   .bashrc
-rw-rw-r--   1   jerry   jerry   59     Apr 15 13:35   dd
drwxr-xr-x   2   jerry   jerry   4096   Nov 12 2010    .gnome2
drwxr-xr-x   4   jerry   jerry   4096   Apr 23 14:41   .mozilla
```

【例 4-8】查看/home 目录的详细信息。

```
[jerry@centos ~]$ ls -dl /home
drwxr-xr-x   9   root    root    4096   Apr 3 23:24 /home
```

4. cat 命令

格式：cat [选项] 文件列表

功能：显示文本文件的内容。

主要选项说明：

-n   在每一行前显示行号

【例 4-9】查看当前目录中 dd 文件的内容，并在每一行前加行号。

```
[jerry@centos ~]$ cat -n dd
     1  This is a file.
     2  You can see the file by using cat command.
```

Linux 操作系统中与系统设置相关的文件通常都是简单的文本文件，cat 命令可以查看文本文件的内容。如果查看其他类型（如 BMP 等）的文件则只能看见一些乱码。

使用 cat 命令查看文本文件时，如果文件较长，文本在屏幕上迅速闪过，用户只能看到文件结尾部分的内容。这就需要使用 more 或 less 命令分屏显示文件的内容。

5. more 命令

格式：more 文件

功能：分屏显示文本文件的内容。

【例 4-10】分屏显示/usr/share/doc/yum-3.2.29/README 文件的内容。

```
[jerry@centos ~]$ more /usr/share/doc/yum-3.2.29/README
```
显示的信息如图 4-7 所示。

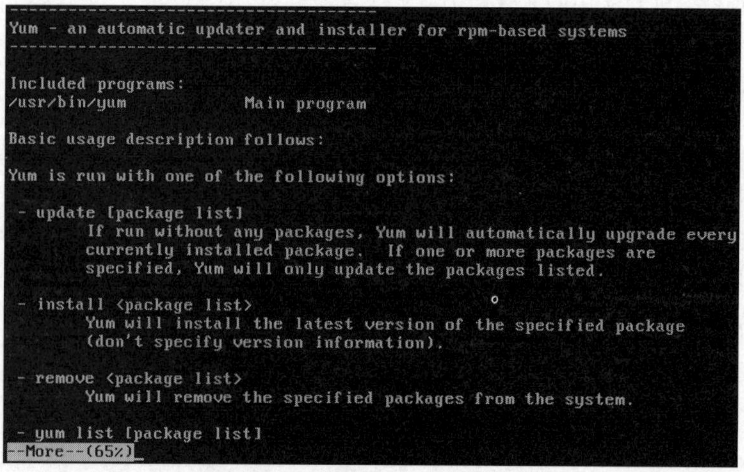

图 4-7　more 命令显示文件内容

使用 more 命令时，屏幕首先显示第一屏的内容，并在屏幕的底部出现"--More--"字样，以及已显示文本占全部文本的百分比。按【Enter】键可显示下一行内容；按【Space】键可显示下一屏的内容；按【q】键，则退出 more 命令。

less 命令与 more 命令非常相似，也能分屏显示文本文件的内容。使用 less 命令后，首先显示第一屏的文本，并在屏幕的底部出现文件名。用户可使用上下方向键、【Enter】键、【Space】键、【PgDn】或【PgUp】键前后翻阅文本内容；使用【q】键退出 less 命令。

`[jerry@centos ~]$ less /usr/share/doc/yum-3.2.29/README`

显示的信息如图 4-8 所示。

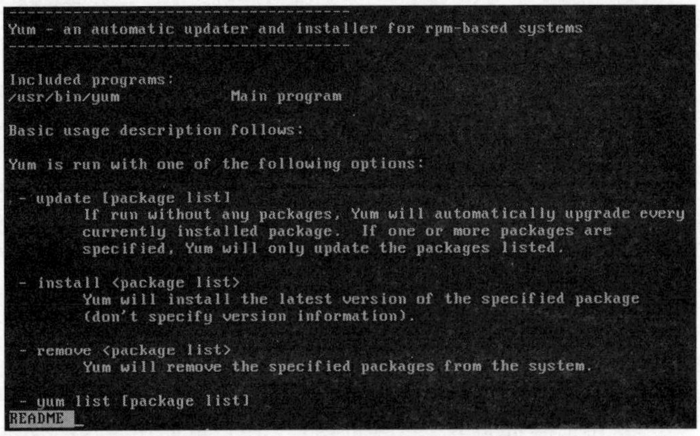

图 4-8　less 命令显示文件内容

6. tail 命令

格式：`tail [选项] 文件`

功能：显示文本文件的结尾部分，默认显示文件的最后 10 行。

主要选项说明：

`-n 数字 `　　指定显示的行数

【例 4-11】显示/usr/share/doc/yum-3.2.29/README 文件的最后 5 行内容。

`[jerry@centos ~]$ tail -n 5 /usr/share/doc/yum-3.2.29/README`

显示的信息如图 4-9 所示。

图 4-9　tail 命令显示结果

head 命令与 tail 命令非常相似，head 命令显示文本文件的开头部分，默认显示文件的开头 10 行。head 命令的格式和选项与 tail 命令完全相同。

4.2.3　与帮助信息相关的 Shell 命令

1. man 命令

格式：`man 命令名`

功能：显示指定命令的手册页帮助信息。

【例 4-12】查看 ls 命令的手册页帮助信息。

输入 man ls 命令后显示如下信息：

```
NAME
   ls - list directory contents
SYNOPSIS
   ls [OPTION]...[FILE]...
DESCRIPTION
   List information about the FILEs (the current directory by default).

   Sort entries alphabetically if none of -cftuSUX nor --sort.
   Mandatory arguments to long options are mandatory for short options too.

   -a, --all
     do not ignore entries starting with

   -A,--almost-all
     do not list implied . and ..

   --author
       with -l, print the author of each file
:
```

屏幕显示该命令在 Shell 手册页的第一屏帮助信息，用户可使用上下方向键、【PgDn】、【PgUp】键前后翻阅帮助信息，按【q】键则退出 man 命令。

标准的 man 帮助文档包含命令名、命令的语法格式、各选项说明、帮助文档的作者信息、报告 BUGS 的联系地址、版权、参考相关命令等。部分 Shell 命令的手册页帮助文档较为简略，不一定包括上述所有内容。

2. --help 选项

格式：命令名 --help

功能：显示指定命令的帮助信息。

使用--help 选项也可获取命令的帮助信息，但不是所有的命令都有此选项。

【例 4-13】查看 ls 命令的帮助信息。

```
[jerry@centos ~]$ ls --help|more
```

帮助信息较长，可使用【Shift+PgDn】或【Shift+PgUp】组合键向前向后翻页，查看完整的帮助信息。

4.2.4 其他 Shell 命令

1. clear 命令

格式：clear

功能：清除当前终端的屏幕内容。

2. wc 命令

格式：wc [选项] 文件

功能：显示文本文件的行数、字数和字符数。

主要选项说明：

```
-c          仅显示文件的字节数
-l          仅显示文件的行数
-w          仅显示文件的单词数
```

【例 4-14】显示 dd 文件的统计信息。

```
[jerry@centos ~]$ wc  dd
2   13   57  dd
```

wc 命令依次显示文件的行数、单词数、字节数以及文件名。

4.3　深入 Shell

4.3.1　通配符

Shell 命令中可以使用通配符来同时匹配多个文件以方便操作。Linux 的通配符除了 MSDOS 中常用的"*"和"？"外，还包括"[]""–"和"！"组成的字符组模式，能够扩充需要匹配的文件的范围。

1．通配符"*"

通配符"*"代表任意长度的任何字符，如"a*"可表示诸如"abc""about"等以"a"开头的字符串。需要注意的是通配符"*"不能与"."开头的文件名匹配。例如，"*"不能匹配到名为".file"的文件，而必须使用".*"才能匹配到类似".file"的文件。

2．通配符"？"

通配符"？"代表任何一个字符，如"a?"就可表示诸如"ab""at"等以"a"开头并仅有两个字符的字符串。

3．字符组通配符"[ ]""-" 和"！"

"[ ]"表示指定的字符范围，"[ ]"内的任意一个字符都用于匹配。"[ ]"内的字符范围可以由直接给出的字符组成，也可以由起始字符、"–"和终止字符组成。例如，"[abc]*"或"[a-c]*" 都表示所有以"a""b"或者"c"开头的字符串。而如果使用"！"，则表示不在此范围之内的其他字符。

通配符在指定一系列文件名时非常有用，例如：

```
ls  *.png       列出所有 PNG 图片文件
ls  a?          列出首字母是 a，文件名只有两个字符的所有文件
ls  [abc]*      列出首字母是 a、b 或者 c 的所有文件
ls  [!abc]*     列出首字母不是 a、b、c 的所有文件
ls  [a-z]*      列出首字母是小写字母的所有文件
```

4.3.2　重定向

Linux 中通常利用键盘输入数据，而命令的执行结果和错误信息都输出到屏幕。也就是说，Linux 的标准输入是键盘，标准输出和标准错误输出是屏幕。

Shell 中不使用系统的标准输入、标准输出或标准错误输出端口，重新指定至文件的情况称为重定向。根据输出效果的不同，与输出相关的重定向可分为输出重定向、附加输出重定向和错误

输出重定向 3 种。与输入相关的重定向只有一种，称为输入重定向。

1. 输出重定向

输出重定向就是命令执行的结果不在标准输出（屏幕）上显示，而是保存到某一文件的操作，利用符号"＞"来实现。

【例 4-15】将当前目录中所有文件和子目录的详细信息保存到 list 文件。

```
[jerry@centos ~]$ ls -al >list
[jerry@centos ~]$
```

ls -al 命令显示当前目录中所有文件和子目录的详细信息，一般情况下应在屏幕上显示这些信息。而命令中使用输出重定向符号"＞"和文件名后，屏幕上就不会出现任何信息，而将本应出现在屏幕上的内容全部保存到指定的文件中。指定的文件并不需要预先创建，输出重定向能新建命令中指定的文件。而如果指定的文件已存在，则其原有内容将被覆盖。

cat 命令可用于查看文本文件的内容，而如果与输出重定向相配合，则有更加强大的功能。

（1）创建文本文件

格式：cat ＞ 文件

说明：输入此类命令后，屏幕光标闪烁，用户输入文件内容。所有的内容输入完成后，按【Enter】键将光标移动到下一行，然后按【Ctrl+D】组合键结束输入，再次出现 Shell 命令提示符。

【例 4-16】用 cat 命令创建 f1 文件。

```
[jerry@centos ~]$ cat >f1
This is a file named f1.
[jerry@centos ~]$
```

（2）合并文本文件

格式：cat 文件列表 ＞ 文件

说明：将文件列表中所有文件的内容合并到指定文件。

【例 4-17】将 f1 和 f2 文件合并生成 f 文件。

```
[jerry@centos ~]$ cat f1
This is a file named f1.
[jerry@centos ~]$ cat f2
This is a file named f2.
[jerry@centos ~]$ cat f1 f2>f
[jerry@centos ~]$ cat f
This is a file named f1.
This is a file named f2.
```

2. 附加输出重定向

附加输出重定向的功能与输出重定向基本相同。两者的不同之处在于：附加输出重定向将输出内容追加到原有内容的后面，而不会覆盖其内容，利用符号"＞＞"来实现附加输出重定向功能。

【例 4-18】向 f1 文件添加内容。

```
[jerry@centos ~]$ cat >>f1
append to f1
[jerry@centos ~]$ cat f1
This is a file named f1.
```

```
append to f1
```

3．错误输出重定向

Shell 中标准输出与错误输出是两个独立的输出操作。标准输出是输出命令执行的结果，而错误输出是输出命令执行中的错误信息。错误输出也可以进行重定向，并可分为以下两种情况：

- 程序的执行结果显示在屏幕上，而错误信息重定向到指定文件，使用"2>"符号。
- 程序的执行结果和错误信息都重定向到同一文件，使用"&>"符号。

【例 4-19】查看/temp 目录的文件和子目录信息，如有错误信息，则保存到 err 文件。

```
[jerry@centos ~]$ ls  /temp 2>err
[jerry@centos ~]$ cat  err
ls: cannot access /temp: No such file or directory
```

4．输入重定向

输入重定向跟输出重定向完全相反，是指不从标准输入（键盘）读入数据，而是从文件读入数据，用"<"符号来实现。由于大多数命令都以参数的形式在命令行上指定输入文件，所以以输入重定向并不常使用。但是，少数命令（如 patch 命令）不接受文件名作为参数，必须使用输入重定向。

【例 4-20】用输入重定向的方式查看 f1 文件的内容。

```
[jerry@centos ~]$ cat  <f1
This is a file named f1.
append to f1
```

此时 cat < f1 命令的输出结果与 cat f1 命令完全相同。

4.3.3　管道

管道是 Shell 的另一大特征，其将多个命令前后连接起来形成一个管道流。管道流中的每一个命令都作为一个单独的进程运行，前一命令的输出结果传送到后一命令作为输入，从左到右依次执行每个命令。利用"|"符号实现管道功能。综合利用重定向和管道能够完成一些比较复杂的操作。

【例 4-21】利用管道统计当前目录中文件和子目录的数目。

```
[jerry@centos ~]$ ls  |wc  -l
10
```

此时，屏幕上并不会显示 ls 命令执行的结果，这是因为 ls 命令执行的结果通过管道交给 wc -l 来执行，屏幕最后显示 wc -l 执行后的结果。即当前目录有 10 个文件和子目录。

4.3.4　历史记录

利用 Shell 命令进行操作时，用户需要多次反复输入相关的命令行，这比较费时且不太方便。为避免用户的重复劳动，Shell 提供历史记录、别名和自动补全等功能，简化 Shell 命令输入工作。

1．历史记录简介

Shell 记录一定数量的已执行的命令，当需要再次执行时，不用再次输入，直接调用即可。用户主目录中名为.bash_history 的隐藏文件，用于保存曾执行过的 Shell 命令。每当用户退出登录或关机后，本次操作中使用过的所有 Shell 命令就会追加保存在该文件中。Bash 默认最多保存 1 000

条 Shell 命令的历史记录。

2．利用历史记录的方法

- 使用上下方向键、【PgUp】或【PgDn】键，在 Shell 命令提示符后出现已执行过的命令。直接按【Enter】键就可以再次执行这一命令，也可以对历史记录进行编辑，修改为用户所需的命令后再执行。
- 先利用 history 命令查看 Shell 命令的历史记录，然后调用已执行过的 Shell 命令。

3．history 命令

格式：history [数字]

功能：查看 Shell 命令的历史记录。如果不使用数字参数，则查看 Shell 命令的所有历史记录。如果使用数字参数，则查看最近执行过的指定个数的 Shell 命令。

【例 4-22】查看最近执行过的 5 个 Shell 命令。

```
[jerry@centos ~]$ history 5
158 find / -name *.c
159 ls -al
160 cal
161 pwd
162 history 5
```

在每个已执行的 Shell 命令行前均有一个编号，反映其在历史记录列表中的序号。

4．再次执行已执行过的 Shell 命令

格式:! 序号

功能：执行指定序号的 Shell 命令，而 "!!"命令再次执行刚刚执行过的那个 Shell 命令。

【例 4-23】执行序号为 161 的 Shell 命令。

```
[jerry@centos ~]$ !161
pwd
/home/jerry
```

【例 4-24】执行刚执行过的 Shell 命令。

```
[jerry@centos ~]$ !!
pwd
/home/jerry
```

4.3.5 别名

别名是按照 Shell 命令标准格式所写命令行的缩写，用以减少输入，方便使用。用户只要输入别名命令，就执行对应的 Shell 命令。alias 命令可查看和设置别名。

格式：alias [别名='标准 Shell 命令行']

功能：查看和设置别名。

1．查看别名

无参数的 alias 命令查看用户可使用的所有别名命令以及其对应的标准 Shell 命令。

【例 4-25】查看当前用户可使用的别名命令。

```
[jerry@centos ~]$ alias
```

```
alias l.='ls -d .* --color=auto'
alias ll='ls -l --color= auto '
alias ls='ls --color= auto '
alias  vi='vim'
alias which='alias | /usr/bin/which  --tty-only  --read-alias --show-dot
--show-tilde'
```

别名命令的功能取决于其对应的标准 Shell 命令。例如，在 Shell 命令提示符后输入 ll 命令，将执行 ls -l -- color=auto 命令，也就是不仅显示文件和子目录的详细信息，还以不同色彩区别不同的文件类型。

例 4-25 中的 "l." 命令和 ll 命令是系统自定义的别名命令。而 ls 命令和 which 命令不仅是一个标准的 Shell 命令，也是一个别名命令。

Shell 规定：当别名命令与标准 Shell 命令同名时，别名命令优先于标准 Shell 命令执行。也就是说，在 Shell 命令的提示符后输入 ls 命令时，其真正执行的并不是标准的 ls 命令，而是 ls 别名命令，即执行 ls -- color= auto 命令。如果要使用标准的 Shell 命令，需要在命令名前添加 "\" 字符，即输入 "\ls" 命令将执行标准的 ls 命令。

2．设置别名

使用带参数的 alias 命令可设置用户的别名命令。在设置别名时，"=" 的两边不能有空格，并在标准 Shell 命令行的两端使用单引号。将用户经常使用的命令设置为别名命令将大大提高工作效率。

【例 4-26】设置别名命令 ctab，其功能是在 vi 中打开/etc/inittab 文件。

```
[jerry@centos ~]$ alias ctab='cat /etc/inittab'
```
设置此别名命令后，只要输入 "ctab" 命令就将打开/etc/inittab 文件。

利用 alias 命令设置的别名命令，其有效期间仅持续到用户退出登录为止。也就是说，用户下一次登录到系统，该别名命令已失效。若希望别名命令在每次登录时都有效，应该将 alias 命令写入用户主目录中的.bashrc 文件中。

4.3.6　自动补全

自动补全，是指用户在输入命令时不需要输入完整的命令，只需要输入前几个字母，系统会自动找出匹配的文件或命令，避免输入时出现差错。利用【Tab】键实现自动补全功能。

1．自动补全文件或目录名

【例 4-27】当前目录中有如下文件和子目录，要查看 list 文件的内容。

```
[jerry@centos ~]$ ls
favor  fly  list  newlist1  newlist2
[jerry@centos ~]$ cat l
```
不需要输入完整的命令 cat list，而只需要输入 cat l，然后按【Tab】键。由于当前目录中以 "l" 开头的文件只有 list 文件，于是系统自动将命令行补全为 cat list，按下【Enter】键即可查看 list 文件的内容。

```
[jerry@centos ~]$ cat list
```
【例 4-28】当前目录中文件和子目录的信息如例 4-27 所示，要查看 fly 文件的内容。

当前目录中以 f 字母开头的文件有两个，要查看 f1 文件的内容。输入 cat f 命令后按【Tab】键，由于系统不能确定用户要查看的文件，因此命令行不发生改变。再按一次【Tab】键，系统将符合条件的两个文件：favor 和 fly 显示出来供用户参考，如下所示：

```
[jerry@centos ~]$ cat f
favor  fly
[jerry@centos ~]$ cat f
```

输入 ly，按【Enter】键，则查看 fly 文件的内容。

【例 4-29】当前目录中文件和子目录的信息如例 4-28 所示，要查看 newlist1 文件的内容。

输入 cat n 命令后按【Tab】键，系统将自动补全其能够识别的部分，命令行显示为 cat newlist，此时光标紧贴命令行后，表明命令行的自动补全未全部完成。再按一次【Tab】键，系统将符合条件的两个文件 newlist1 和 newlist2 显示出来，且命令行显示为 cat newlist 字样，如下所示：

```
[jerry@centos ~]$ cat newlist
newlist1  newlist2
[jerry@centos ~]$ cat newlist
```

输入 "1"，按【Enter】键，则查看 newlist1 文件的内容。

2. 自动补全命令名

Shell 还提供自动补全命令的功能，用户只需要输入命令的开头字母，然后连续按两次【Tab】键，系统会列出符合条件的所有命令以供参考。

【例 4-30】自动补全以 cap 开头的命令。

输入命令的开头字母 cap，然后连续按两次【Tab】键，屏幕显示所有以 cap 开头的 Shell 命令，且命令行显示为 cap 字样，如下所示。用户输入命令的剩余部分后就可以执行相关的命令。

```
[jerry@centos ~]$ cap
capsh                    captoinfo
[jerry@centos ~]$ cap
```

4.4 文本编辑器 vi

vi 是 Linux/UNIX 中最经典的文本编辑器，几乎所有的 Linux/UNIX 发行版本都提供这一编辑器。vi 是全屏幕文本编辑器，只能编辑字符，不能对字体、段落等进行排版。vi 没有菜单，只有命令，而且命令繁多。虽然 vi 的操作方式与其他常用的文本编辑器很不相同，但是由于其运行于字符界面，并可用于所有 UNIX/Linux 环境，目前仍然广泛应用。CentOS 6.5 默认提供的 vi 版本是 VIM（Vi Improved 7.2），在此简单介绍其基本使用方法。

4.4.1 vi 工作模式

vi 有 3 种工作模式：命令模式、文本编辑模式和最后行模式。不同的工作模式下操作方法有所不同。

1. 命令模式

命令模式是启动 vi 后进入的工作模式，并可转化为文本编辑模式和最后行模式。在命令模式下，从键盘上输入的任何字符都被当作编辑命令来解释，而不会在屏幕上显示。如果输入的字符是合法的 vi 命令，那么 vi 完成相应的操作；否则 vi 会响铃警告。

2．文本编辑模式

文本编辑模式用于字符编辑。在命令模式下输入 i（插入命令）、a（附加命令）等命令后进入文本编辑模式。此时，输入的任何字符都被 vi 当作文件内容显示在屏幕上。按【Esc】键从文本编辑模式返回命令模式。

3．最后行模式

在命令模式下按【:】键进入最后行模式，此时屏幕的底部出现":"符号作为最后行模式的提示符，等待用户输入相关命令。命令执行完毕后，vi 自动回到命令模式。

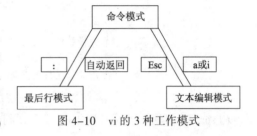

vi 的 3 种工作模式之间的相互转换的关系如图 4-10 所示。

图 4-10　vi 的 3 种工作模式

vi 编辑器中无论是命令还是输入内容都使用字母键。例如，按字母键【i】在文本编辑模式下表示输入"i"字母，而在命令模式下则表示将工作模式转换为文本编辑模式。

4.4.2　启动 vi

启动 vi 的命令格式是：vi[文件]。如果不指定文件，则新建一个文本文件，而在退出 vi 时必须指定文件名。如果启动 vi 时指定文件，则新建指定文件或者打开指定文件。

输入 vi hi 命令，打开已有的 hi 文件，屏幕显示如图 4-11 所示。此时 vi 处于命令模式，正在等待用户输入命令。此时输入的字母都将作为命令来解释。

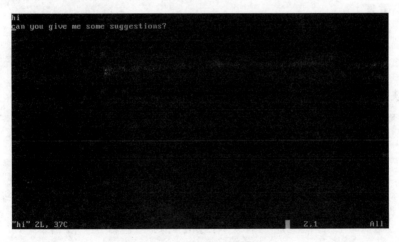

图 4-11　启动 vi 编辑器

光标停在屏幕上第一行的起始位置，行首标记为"～"的行为空行。

vi 的界面可分为两部分：编辑区和状态/命令区。状态/命令区在屏幕的最下一行，用于输入命令，或者显示当前正在编辑的文件的名称、状态、行数和字符数。其他区域都是编辑区，用于进行文本编辑。如图 4-11 所示，状态/命令区显示正在编辑的文件名为 hi，共有 2 行 37 个字符。

4.4.3　编辑文件

1. 输入文本

要输入文本必须首先将工作模式转换为文本编辑模式，在命令模式下输入 i、I、a、A、o、O 命令中的任意一个即可。此时在状态/命令区出现"---INSERT---"字样。

i	从当前的光标位置开始输入字符
I	光标移动到当前行的行首，开始输入字符
a	从当前的光标的下一个位置，开始输入字符
A	光标移动到当前行的行尾，开始输入字符
o	在光标所在行之下新增一行
O	在光标所在行之上新增一行

在文本编辑模式下可输入文本内容，使用上、下、左、右方向键移动光标，使用【Del】键和【Backspace】键删除字符，按【Esc】键回到命令模式。

2. 查找字符串

在命令模式下输入以下命令可查找指定的字符串。

/字符串	按【/】键，状态/命令区出现"/"字样，继续输入要查找的内容，按【Enter】键。vi 将从光标的当前位置开始向文件尾查找。如果找到，光标停留在该字符串的首字母上
?字符串	按【?】键，状态/命令区出现"?"字样，继续输入要查找的内容，按【Enter】键。vi 将从光标的当前位置开始向文件头查找。如果找到，光标停留在该字符串的首字母上
n	继续查找满足条件的字符串
N	改变查找的方向，继续查找满足条件的字符串

3. 撤销与重复

在命令模式下输入以下命令可撤销或重复编辑工作。

u	按【u】键将撤销上一步操作
.	按【.】键将重复上一步操作

4. 文本块操作

在最后行模式下可对多行文本（文本块）进行复制、移动、删除和字符串替换等操作。

: set nu	显示行号
: set nonu	不显示行号
: n1,n2 co n3	将从 n1 行到 n2 行之间（包括 n1、n2 本身）的所有文本复制到第 n3 行之下
: n1,n2 m n3	将从 n1 行到 n2 行之间（包括 n1、n2 本身）的所有文本移动到第 n3 行之下
: n1,n2 d	删除从 n1 行到 n2 行之间（包括 n1、n2 本身）的所有文本
: n1,n2 s/字符串 1/字符串 2/g	将 n1 行到 n2 行之间（包括 n1、n2 行本身）所有的字符串 1 用字符串 2 替换

4.4.4　保存与退出

在命令模式下连续按两次【Z】键，将保存编辑的内容并退出 vi。不过，与文件处理相关的命令，大多在最后行模式下才能执行。常用的最后行命令有：

: w 文件	保存为指定的文件

: q	退出 vi。如果文件内容有改动，将出现提示信息。使用下面两个命令才能退出 vi
: q!	不保存文件，直接退出 vi
: wq	存盘并退出 vi
: x	存盘并退出 vi

4.5　图形化用户界面与字符界面

用户不仅能在字符界面使用 Shell 命令，而且能在图形化用户界面使用 Shell 命令。在桌面环境下依次选择"应用程序"→"系统工具"→"终端"命令，打开终端窗口（见图 4-12），输入 Shell 命令完成各项操作。

图 4-12　终端窗口

图形化用户界面中"终端"窗口的操作与字符界面中的操作基本相同，并能正常显示中文字符。

4.5.1　图形化用户界面的启动方式

启动图形化用户界面有两种方法：自动启动和手动启动。系统启动图形化用户界面后，用户既可切换到字符界面使用 Shell 命令，也可以利用图形化用户界面中的"终端"工具使用 Shell 命令。但是对于系统管理员而言，大部分时候仅需字符界面就能进行系统管理，因此系统管理员常希望 Linux 启动后仅启动字符界面，而不需启动图形化用户界面。这将大大缩短启动时间，减少系统资源的消耗。

4.5.2　运行级别

启动时是否自动启动图形化用户界面与运行级别紧密相关。运行级别是 Linux 为适应不同的运行需求规定的系统运行模式。Linux 包括 7 个运行级别，如表 4-2 所示。

表 4-2　运行级别

运 行 级 别	说　　明	运 行 级 别	说　　明
0	关机	4	保留的运行级别
1	单用户模式	5	完整的多用户模式，自动启动图形化用户界面
2	多用户模式，但不提供网络文件系统（NFS）	6	重新启动
3	完整的多用户模式，仅提供字符界面		

CentOS 6.5 以 Desktop 方式安装后，默认运行级别为 5，自动启动图形化用户界面和字符界面，其中 1 号虚拟终端为图形化用户界面，2～6 号虚拟终端为字符界面。GNOME 桌面环境使用【Ctrl+Alt+F2】—【Ctrl+Alt+F6】组合键切换到字符界面；字符界面下按下【Alt+F2】—【Alt+F6】组合键切换到其他字符界面，按下【Alt+F1】切换到 GNOME 桌面环境。

运行级别的配置文件为/etc/inittab 文件，编辑该文件可改变系统运行级别，进而决定图形化用户界面的启动方式。只有超级用户才有权修改/etc/inittab 文件，其内容仅一行，（省略"#"打头的注释行内容）如下：

```
id:5:initdefault
```

即 initdefault 参数值为 5，即运行级别为 5。若将其修改为 3，则下次系统启动，只启动字符界面。

4.5.3　手动启动图形化用户界面

系统启动时未自动启动图形化用户界面，而用户又需要使用桌面应用程序，那么用户可从任意虚拟终端手动启动图形化用户界面。在Shell命令提示符后输入命令startx，系统就会执行与X Window相关的一系列程序，直到出现 GNOME 桌面环境，但是默认为英文界面，如图 4–13 所示。

图 4–13　英文 GNOME 桌面环境

曾登录过中文 GNOME 桌面环境的用户，手动启动后，会出现如图 4–14 所示的提示信息。单击 Update Names 按钮将系统自动添加的中文标准文件夹（桌面、下载、模板、公共的、文档、音乐、图片和视频）自动转换为英文名（Desktop、Downloads、Templates、Public、Documents、Music、Pictures 和 Videos）。

图 4–14　更新标准文件夹名

用户可手动关闭图形化用户界面，以下两种方法均可：

- 选择"系统"菜单中的"注销"命令，在弹出的对话框中选择"注销"选项，单击"确定"按钮，返回到手动启动时的字符界面。
- 按【Ctrl+Alt+Backspace】组合键也可关闭图形化用户界面，返回到手动启动时的字符界面。

CentOS 6.5 运行级别为 3 时，仅自动启动字符界面，1～6 号虚拟终端均为字符界面。使用 startx 命令手动启动图形化用户界面后，原字符界面被 GNOME 桌面的相关进程占用，直到图形化用户界面关闭为止，而增加 7 号虚拟终端为图形化用户界面。

图形化用户界面同一时刻只能存在一个，如果某位用户已启动，那么其他用户就不能再启动；必须等待该用户关闭图形化用户界面后才行。

4.6 中文平台

Fbterm 是工作于 Linux 字符界面的外挂式中文平台，其作用就像 MS-DOS 环境中的 UCDOS 一样，能为字符界面提供完整的语言环境。Fbterm 中文平台能够解决 CentOS 6.5 字符界面下中文无法正确显示的问题。

CentOS 6.5 安装光盘不包含 Fbterm 软件，用户可从 http://code.google.com/p/fbterm 网站下载 Fbterm 安装程序。Fbterm 要求软件包必须在字符界面下安装，不能在 GNOME 桌面环境的"终端"窗口中进行，且安装过程较为复杂，还需要安装部分支持性文件。

安装成功后，超级用户在 Shell 的命令提示符后输入 fbterm 命令，就启动 Fbterm 中文平台，出现如图 4-15 所示的界面。Fbterm 中文平台下中文字符均能正确显示，按【Ctrl+D】组合键可退出 Fbterm 中文平台。普通用户必须是 video 组群的用户才能启动 Fbterm。

图 4-15　Fbterm 支持中文显示

小　　结

Linux 具备虚拟终端功能，可提供多个互不干扰、独立工作的工作界面。虚拟终端之间相互独立，可用相同或不同的用户号登录各个虚拟终端，同时使用 Linux。

Shell 命令提示符默认显示当前用户名、主机名和当前目录等信息。Shell 命令行可由命令名、选项和参数三部分组成。最简单的 Shell 命令只有命令名，而复杂的 Shell 命令可以包括多个选项和参数。命令名、选项与参数之间，参数与参数之间都必须用空格分隔。

Shell 命令行可使用"*""?""[]""-"和"!"等通配符。

Linux 的标准输入是键盘，标准输出和标准错误输出是屏幕。利用重定向可改变输入/输出的方向。输出重定向可将命令的执行结果保存于指定文件；附加输出重定向可将命令的执行结果追加到指定文件。错误输出重定向分为两种："2>"符号仅将命令执行时的错误信息保存于指定文件；而"&>"符号将程序的执行结果和错误信息都保存到指定的文件。

管道可将多个 Shell 命令连接起来，前一个命令的输出结果传送到后一个命令作为输入，从左到右依次执行多个 Shell 命令。利用上下方向键、【PgUp】或【PgDn】键可查看和利用已执行过的 Shell 命令。利用 history 命令可查看 Shell 命令的历史记录，利用"！"命令再次执行 Shell 命令。

经常使用的 Shell 命令行可设置为别名命令。当别名命令与标准 Shell 命令同名时，别名命令优先于标准 Shell 命令执行。如果要执行标准的 Shell 命令，需要在命令名前添加"\"字符。【Tab】键可实现自动补全功能。

vi 是字符界面下最常用的文本编辑器，其拥有 3 种工作模式：命令模式、文本编辑模式和最后行模式。启动 vi 后首先进入命令模式，利用 i、I、a、A、o、O 命令中的任意一个均可切换到文本编辑模式；按【:】键可切换到最后行模式。在文本编辑模式下按【Esc】键可切换到命令模式。最后行模式下命令执行完成后自动返回命令模式。文本编辑模式与命令行模式之间不可相互转换。

Linux 拥有两大用户界面：字符界面和图形化用户界面。图形化用户界面可自动启动，也可手动启动。编辑/etc/inittab 文件的 initdefault 参数可改变运行级别，决定图形化用户界面是否自动启动。startx 命令可从字符界面手动启动图形化用户界面。

习　题

一、选择题

1. Shell 命令行的选项和参数之间用什么符号隔开？　　　　　　　　　　　　（　　）

    A.　%　　　　　　　　B.　！　　　　　　　　C.　空格　　　　　　　　D.　~

2. 字符界面中退出登录可用哪种方法？　　　　　　　　　　　　　　　　　　（　　）

    A.　exit 或 quit　　　　　　　　　　　　B.　quit 或【Ctrl+D】

    C.　exit 或【Ctrl+D】　　　　　　　　　D.　以上都可以

3. 能将系统时间修改为 2014 年 7 月 24 日 15 时 56 分的命令是哪个？　　　　（　　）

    A.　date 0724155614　　　　　　　　　B.　date 1407241556

    C.　date 1556072414　　　　　　　　　D.　date 201407241556

4. pwd 命令的功能是什么？　　　　　　　　　　　　　　　　　　　　　　　（　　）

    A.　设置用户密码　　　　　　　　　　　B.　显示用户密码

    C.　显示当前目录的绝对路径　　　　　　D.　查看当前目录中的文件

5. 输入命令 cd 并按【Enter】键，将有什么结果？　　　　　　　　　　　　（　　）

    A.　当前目录切换为根目录　　　　　　　B.　目录不变，屏幕显示当前目录信息

    C.　当前目录切换为用户主目录　　　　　D.　当前目录切换为上一级目录

6. 如何快速切换到用户 John 的主目录？　　　　　　　　　　　　　　　　　（　　）

    A.　cd @John　　　B.　cd #John　　　C.　cd &John　　　D.　cd ~John

7. 当前目录为/home，使用以下哪个命令可进入/home/stud1/test 目录？　　（　　）

    A.　cd test　　　　　　　　　　　　　　B.　cd /stud1/test

    C.　cd stud1/test　　　　　　　　　　　D.　cd home

8. ls 命令的哪个参数可以显示子目录中的所有文件？　　　　　　　　　　　（　　）

    A.　-a　　　　　　　　B.　-d　　　　　　　　C.　-R　　　　　　　　D.　-t

9. ls --color 命令可用颜色来区分不同类型的文件，此时目录显示为什么颜色？　　（　　）

    A. 红色　　　　　　　B. 白色　　　　　　　C. 蓝色　　　　　　　D. 绿色

10. 以下哪个命令能够分页显示当前目录中所有文件的详细信息？　　　　　　　　（　　）

    A. more ls –al　　　　　　　　　　　　B. more –al ls

    C. more < ls –al　　　　　　　　　　　D. ls –al | more

11. 以下关于命令 cat name test1 test2 >name 的说法，哪个正确？　　　　　　（　　）

    A. 正确，将 test1 和 test2 的内容合并到 name

    B. 错误，输出文件不能与输入文件同名

    C. name 文件为空时正确

    D. 错误，应该为 cat name test1 test2 >>name

12. head 命令中表示输出文件前 5 行的参数是哪个？　　　　　　　　　　　　（　　）

    A. –c 5　　　　　　　B. –n 5　　　　　　　C. –q 5　　　　　　　D. –l 5

13. 为统计文本文件的行数，可以在 wc 命令中使用以下哪个参数？　　　　　　（　　）

    A. –w　　　　　　　B. –c　　　　　　　C. –l　　　　　　　D. –ln

14. 想了解命令 logname 的用法，使用以下哪个命令可得到帮助？　　　　　　（　　）

    A. logname--man　　　　　　　　　　B. logname/?

    C. help logname　　　　　　　　　　　D. logname – – help

15. 使用命令 ls–al 查看文件和目录时，要翻看滚过屏幕的内容应使用以下哪个组合键？

    　　　　　　　　　　　　　　　　　　　　　　　　　　　　　　　　（　　）

    A. Shift+Home　　　B. Ctrl+ PgUp　　　C. Alt+ PgDn　　　D. Shift+ PgUp

16. clear 命令的作用是什么？　　　　　　　　　　　　　　　　　　　　　　（　　）

    A. 清除终端窗口　　　　　　　　　　　B. 关闭终端窗口

    C. 打开终端窗口　　　　　　　　　　　D. 调整窗口大小

17. 目录中有 5 个文件，文件名为 jq.c、jq1.c、jq2.c、jq3.cpp 和 jq10.c，执行命令 ls jq*.?后

    显示哪些文件？　　　　　　　　　　　　　　　　　　　　　　　　　（　　）

    A. jq1.c、jq2.c、jq3.cpp、jq.c　　　　　B. jq1.c、jq2.c、jq10.c

    C. jq1.c、jq2.c、jq3.cpp　　　　　　　D. jq10.c、jq1.c、jq2.c、jq.c

18. 再次执行刚执行的命令可使用以下哪个命令？　　　　　　　　　　　　　　（　　）

    A. !　　　　　　　　B. !!　　　　　　　C. ! 1　　　　　　　D. ^^

19. 用户曾经使用过的命令保存在哪个文件？　　　　　　　　　　　　　　　　（　　）

    A. .bashrc　　　　　B. .bash_history　　C. .bash_profile　　D. history

20. CentOS 6.5 将命令 ls 定义为 ls --color 命令的别名，以便以不同颜色来标识不同类型的

    文件。如何才能使用原本的 ls 命令？　　　　　　　　　　　　　　　　（　　）

    A. \ls　　　　　　　B. ;ls　　　　　　　C. ls $$　　　　　　D. ls --noalias

21. 目录中有以下文件：parrot pelican penguin，输入 ls –l pa 后按【Tab】键，将发生什么

    情况？　　　　　　　　　　　　　　　　　　　　　　　　　　　　　（　　）

    A. pa 将扩展为 parrot

    B. 什么也不发生

C. pa 将扩展为 parrot，然后执行 ls 命令

D. pa 将扩展为 pelicant，然后执行 ls 命令

22. vi 的 3 种模式之间不能直接转换的是以下哪种情况？　　　　　　　　（　　）

    A. 命令模式–文本编辑模式　　　　　　B. 命令模式–最后行模式

    C. 文本编辑模式–最后行模式　　　　　D. 任何模式之间都能直接转换

23. vi 编辑文件时需要删除第 4～7 行之间的内容，应在最后行模式下使用哪个命令？

                                                    （　　）

    A. 4,7 m　　　　　B. 4,7 co　　　　　C. 4,7 d　　　　　D. 4,7 s/*//g

24. 存盘并退出 vi 可用命令 "：wq"，还可用下列哪个命令？　　　　　　（　　）

    A. :q!　　　　　B. :x　　　　　C. exit　　　　　D. :s

25. 运行级别定义在哪里？　　　　　　　　　　　　　　　　　　　　　（　　）

    A. 内核　　　　　　　　　　　　　B. /etc/inittab 文件

    C. /etc/runlevels 文件　　　　　　D. rl 命令

26. 以下哪个命令能够手动启动 X Window？　　　　　　　　　　　　　（　　）

    A. start　　　　　B. startx　　　　　C. begin　　　　　D. beginx

27. 已知 myfile 文件中有 1 行内容，mycase 文件中有 3 行内容。执行 cat < myfile > mycase 命令后，mycase 文件中有几行内容？　　　　　　　　　　　　　　　　　（　　）

    A. 3　　　　　B. 2　　　　　C. 4　　　　　D. 1

二、思考题

vi 中当前文件如图 4-16 所示，左侧的数字为行号。在最后行模式下进行如下操作后，将显示什么图案？

```
6，6 m 0
5，6 d
1，4 s/#/*/g
```

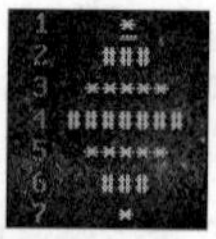

图 4-16　文件内容

第 **5** 章　用户与组群管理

　　用户和组群（又称用户组）管理是 Linux 系统管理的基础，是系统管理员必须掌握的重要内容。本章首先介绍用户和组群的基本概念以及与此相关的文件，然后分别介绍利用桌面环境的用户管理者程序和 Shell 命令如何管理用户和组群，最后介绍批量创建用户的实用技巧。

本章要点

- 用户和组群；
- 桌面环境下管理用户和组群；
- 管理用户和组群的 Shell 命令。

5.1　用户和组群

　　Linux 是一个真正的多用户操作系统，从本机或远程登录的多个用户能同时使用同一计算机，同时访问同一外围设备。不同的用户对于相同的资源拥有不同的使用权限。Linux 将同一类型的用户归于一个组群，可利用组群权限来控制组群成员用户的权限。Linux 系统进行用户和组群管理的目的在于保证系统中数据与进程的安全。

5.1.1　用户

　　无论是从本地还是从远程登录 Linux 系统，用户都必须拥有用户账号。登录时系统检验输入的用户名和密码。只有当该用户名已存在，且密码与用户名匹配时，用户才能登录到 Linux。系统还会根据用户的默认配置建立用户的工作环境。

　　Linux 中用户分为三大类型：超级用户、系统用户和普通用户。

- 超级用户：又称为 root 用户或根用户，拥有系统的最高权限。
- 系统用户：与系统服务相关的用户，通常在安装相关软件包时自动创建，一般不需要改变其默认设置。
- 普通用户在安装后由超级用户创建。普通用户的权限相当有限，只能操作其拥有权限的文件和目录，只能管理自己启动的进程。

　　每个用户：都具有如下属性信息：

- 用户名：登录时使用的名字，必须是唯一的，可由字母、数字和符号组成。
- 密码：用于身份验证。

- 用户 ID（UID）：用户 ID 是 Linux 中每个用户都拥有的唯一识别号码，如同每个人都拥有的身份证号。超级用户的 UID 默认为 0，1～499 默认为系统用户专用 UID。默认将 500 及以上 UID 作为普通用户的 UID。安装完成后新建的第一个用户的 UID 默认为 500，第二个用户的 UID 默认为 501，并依此类推。
- 组群 ID（GID）：每位用户至少属于一个组群。组群 ID 是 Linux 中每个组群都拥有的唯一识别号码。和 UID 类似，超级用户所属组群（即超级组群）的 GID 默认为 0，1～499 默认为系统组群专用 GID。安装完成后新建的第一个私人组群的 GID 默认为 500，第二个私人组群的 GID 默认为 501，并依此类推。
- 用户主目录：专属于用户的目录，用于保存该用户的自用文件。用户登录 Linux 后默认进入此目录，且对此目录具有完全控制权限。默认情况下，超级用户 root 的主目录为/root，而普通用户的主目录为/home 中与用户名同名的目录，如 jerry 的默认主目录为/home/jerry。
- 全名：用户的全称，是用户账号的附加信息，可以为空。
- 登录 Shell：登录 Linux 后自动进入的 Shell 环境。Linux 中默认使用 Bash，用户一般不需要修改。

5.1.2 与用户相关的文件

1. 用户账号信息文件/etc/passwd

/etc/passwd 文件保存除密码之外的用户账号信息。所有用户都可以查看/etc/passwd 文件的内容。某/etc/passwd 文件内容如下：

```
root:x:0:0:root:/root:/bin/bash
bin:x:1:1:bin:/bin:/sbin/nologin
daemon:x:2:2:daemon:/sbin:/sbin/nologin
…
helen:x:500:500::/home/helen:/bin/bash
```

passwd 文件中每行代表一个用户账号，而每个用户账号的信息又用"："划分为多个字段来表示用户的属性信息。passwd 文件中各字段从左到右依次为：用户名、密码、用户 ID、用户所属主要组群的组群 ID、全名、用户主目录和登录 Shell。其中，密码字段的内容总是以"x"来填充，加密后的密码保存在/etc/shadow 文件中。

2. 用户密码信息文件/etc/shadow

/etc/shadow 文件根据/etc/passwd 文件而产生，只有超级用户才能查看其内容。为进一步提高安全性，在 shadow 文件中保留的是采用 SHA 512 安全散列算法加密的密码。由于 SHA 算法是一种单向算法，理论上认为密码无法破解。某/etc/shadow 文件的内容如下：

```
root:$6$dBFNDigWTxB0JZNH$y66NK36KiV58hp0XBd0.wE/67eYndXrVuV.GpVPcPqHC64PWR
X6iB2NR6UWEB5/uTaVpk.KDXYWdVeHPeBAib/:15909:0:99999:7:::
bin:*:15909:0:99999:7:::
…
helen:$6$5AcumbILGtcLqnut$ukpsUac.jGpsP4ZUUDCXCcSRVI4izEON3XO/Avi6gFru3uSU
EFD2MLaRPNIxOCmiTJr7p/QnsT3V8hvch70Ej/:15921:0:99999:7:::
```

与 passwd 文件类似，shadow 文件中每行也代表一个用户账号，而每个用户账号的信息也用"："划分为多个字段来表示用户的属性信息。shadow 文件的各字段的含义如表 5-1 所示。

表 5-1　shadow 文件各字段的含义

位　置	含　义
1	用户名，其排列顺序与/etc/passwd 文件保持一致
2	加密密码。如果是"!!"，则表示这个账号无密码，不能登录。部分系统用户账号无密码
3	从 1970 年 1 月 1 日起到上次修改密码日期的间隔天数。对于无密码的账号而言，是指从 1970 年 1 月 1 日起到创建该用户账号的间隔天数
4	密码自上次修改后，要隔多少天才能再次修改。若为 0 则表示没有时间限制。
5	密码自上次修改后，多少天之内必须再次修改。若为 99999 则表示用户密码未设置为必须修改
6	若密码已设置时间限制，则在过期多少天前向用户发送警告信息，默认为 7 天
7	若密码设置为必须修改，而到达期限后仍未修改，系统将推迟关闭账号的天数
8	从 1970 年 1 月 1 日起到用户账号到期的间隔天数
9	保留字段未使用。

5.1.3　组群

　　Linux 将具有相同特性的用户划归为一个组群，可以大大简化用户的管理，方便用户之间文件的共享。任何一个用户都至少属于一个组群，并且可以同时属于多个附加组群。用户不仅拥有其主要组群的权限，还同时拥有其附加组群的权限。

　　组群按照其性质分为：超级组群、系统组群和私人组群。

- 超级组群：超级用户所处的组群。
- 系统组群：安装系统服务程序时自动创建的组群。
- 私人组群：安装完成后，由超级用户新建的组群。

　　每个组群都具有如下属性信息：

- 组群名：组群的名称，由数字、字母和符号组成。
- 组群 ID（GID）：用于识别不同组群的唯一数字标识。
- 组群密码：默认情况下，组群无密码，必须进行一定操作才能设置组群密码。
- 用户列表：组群的所有用户，用户之间用"，"分隔。

5.1.4　与组群相关的文件

1．组群账号信息文件　/etc/group

　　/etc/group 文件保存组群账号的信息，所有用户都可以查看其内容。group 文件中的每行内容表示一个组群的信息，各字段之间用"："分隔。某/etc/group 文件的内容如下：

```
root:x:0:
bin:x:1:bin,daemon
daemon:x:2:bin,daemon
…
helen:x:500:
```

　　group 文件的各字段从左到右依次为：组群名、组群密码、组群管理员密码和以此组群为附加组群的用户列表，其中密码字段总为"x"。

2．组群密码信息文件　/etc/gshadow

　　/etc/gshadow 文件根据/etc/group 文件而产生，主要用于保存加密的组群密码，只有超级用户才能查看其内容。某/etc/gshadow 文件的内容如下：

```
root:::
bin:::bin,daemon
daemon:::bin,daemon
…
helen:!!::
```

gshadow 文件的各字段从左到右依次为：组群名、组群加密密码、组群管理员密码和以此组群为附加组群的用户列表，其中加密密码字段为"!!"表示无密码。

5.2　桌面环境下管理用户和组群

用户必须具有超级用户权限才能管理用户和组群，对于用户和组群的设置本质上是修改/etc/passwd、/etc/shadow 等文件的内容。CentOS 桌面环境下依次选择"系统"→"管理"→"用户和组群"命令，打开"用户管理者"窗口。"用户管理者"窗口中默认显示所有的普通用户，如图 5-1 所示，当前系统中只有一个普通用户，名为 helen。

图 5-1　"用户管理者"窗口

5.2.1　管理用户

1. 新建用户

单击工具栏上的"添加用户"按钮，打开"添加新用户"窗口，如图 5-2 所示。在此窗口中依次输入用户名、用户的全称（可省略），并两次输入密码后单击"确定"即可。新建用户的登录 Shell 在此采用默认的 Bash（即/bin/bash），并按照默认规则创建该用户的主目录，以及与用户同名的私人组群。当然，用户也可以根据需要设置用户的登录 Shell，也可不创建用户主目录和私人组群，并可指定用户 ID 和组群 ID。图 5-3 所示为新建 jerry 用户后的普通用户账号列表。

图 5-2　创建新用户

图 5-3　创建 jerry 用户后的"用户管理者"窗口

2. 修改用户属性

从"用户管理者"窗口选择需要修改属性的用户，然后单击工具栏上的"属性"按钮，打开

"用户属性"窗口。

"用户数据"选项卡中显示用户的基本信息，可修改用户名、全称、密码、登录 Shell 和主目录，如图 5-4 所示。

在"账号信息"选项卡中选中"启用账号过期"复选框，并在"账号过期的日期"文本框中输入内容，那么在指定的日期之后，用户就不能登录。选中"本地密码被锁"复选框，将锁定用户账号，该用户无法登录系统，如图 5-5 所示。

图 5-4　"用户数据"选项卡　　　　　　　　图 5-5　"账号信息"选项卡

"密码信息"选项卡显示用户最近一次修改密码的日期，如图 5-6 所示。选中"启用密码过期"复选框后可以进行的设置包括：

- "允许更换前的天数"文本框中可设置用户改变密码之前必须要经过的天数，0 表示没有时间限制。
- "需要更换的天数"文本框中指定天数，则强制用户在上次修改密码后的指定天数之内必须修改密码。
- "更换前警告的天数"文本框中可指定在密码到期之前多少天开始提醒用户修改密码。在密码到期之前的指定天数内，用户登录系统时，屏幕会显示类似 Warning: your password will expire in 1 days 的信息。
- "账号被取消激活前的天数"文本框中可指定如果用户到期后还没有设定新密码时，账号仍可保留的天数。如果设置为 2，则表示密码到期后的 2 天内用户账号仍可使用，但是登录后系统将强制用户进行修改密码的操作。

"组群"选项卡中可设置用户所属的主要组群以及可加入哪些附加组群，如图 5-7 所示。

图 5-6　"密码信息"选项卡　　　　　　　　图 5-7　"组群"选项卡

3．删除用户

从"用户管理者"窗口选择需要删除的用户账号，然后单击工具栏上的"删除"按钮，将出现确认对话框，如图 5-8 所示。默认情况下，删除用户的同时还将删除该用户的主目录、该用户的相关邮件和临时文件，也就是说该用户相关的所有文件也将一并被删除。单击"是"按钮，删除用户账号并返回"用户管理者"窗口。

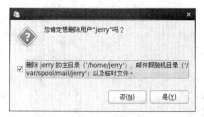

图 5-8　确认删除 jerry 用户

5.2.2　管理组群

在"用户管理者"窗口中选择"组群"选项卡，可显示当前所有的私人组群，如图 5-9 所示。用户管理器默认将所有普通用户按照用户 ID 排列，单击用户属性按钮可改变用户的排列顺序。

1．新建组群

单击工具栏上的"添加组群"按钮，弹出如图 5-10 所示的"添加新组群"对话框。输入组群名并单击"确定"按钮即可，也可以指定其组群 ID。

图 5-9　显示组群

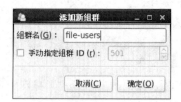

图 5-10　添加新组群

2．修改组群属性

从"用户管理者"窗口选择需要修改的组群，单击工具栏上的"属性"按钮，打开如图 5-11 所示的"组群属性"窗口，其中包括"组群数据"和"组群用户"选项卡。

在"组群数据"选项卡中可修改组群的名字，如图 5-11 所示。在"组群用户"选项卡中可增加或减少该组群的用户，如图 5-12 所示。

图 5-11　"组群数据"选项卡

图 5-12　"组群用户"选项卡

3．删除组群

从"用户管理者"窗口选择需要删除的组群，单击工具栏上的"删除"按钮，将出现确认对话框，单击"是"按钮即可。

4．显示所有用户和组群

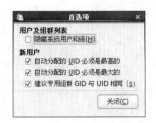

"用户管理者"窗口中默认不显示超级用户（组群）和系统用户（组群）。要查看包括超级用户（组群）和系统用户（组群）在内的所有用户（组群），需选择"编辑"菜单中的"首选项"命令，弹出"首选项"对话框，取消选中"隐藏系统用户和组"复选框，如图 5–13 所示。

图 5–14 显示包括超级用户和系统用户在内的所有用户的信息。

此时单击"组群"选项卡，显示所有组群的信息，如图 5–15 所示。用户管理器中"组群成员"列显示该组群的所有用户。

图 5–13　设置首选项

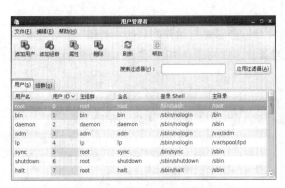

图 5–14　显示所有的用户

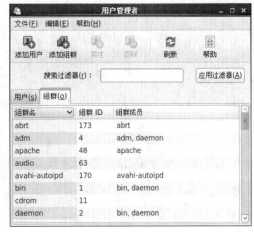

图 5–15　显示所有的组群

5．搜索用户和组群

为迅速查找指定的用户，在"搜索过滤器"文本框中输入用户名中部分或全部字符（如"m*"），然后按【Enter】键或单击"应用过滤器"按钮，显示过滤后的用户列表。如要恢复显示所有的用户，则在"搜索过滤器"文本框输入"*"，并按【Enter】键即可。

在"组群"选项卡中采取同样方法也能实现组群过滤与查找功能。

5.3　管理用户和组群的 Shell 命令

利用 Shell 命令也可进行用户和组群管理，虽然没有使用用户管理器直观，但是更加可靠高效。

5.3.1　管理用户的 Shell 命令

1．useradd 命令

格式：`useradd` [选项]　用户名

功能：新建用户账号，只有超级用户才能使用此命令。

主要选项说明：

```
-c  全名              指定用户的全称，即用户的注释信息
-d  主目录            指定用户的主目录
-e  有效期限          指定用户账号的有限期限
-f  缓冲天            指定密码过期后多久将关闭此账号
-g  组群 ID|组群名    指定用户所属的主要组群
-G  组群 ID|组群名    指定用户所属的附加组群
-s  登录 Shell        指定用户登录 Shell
-u  用户 ID           指定用户 UID
```

【例 5-1】按照默认值新建 tom 用户。

```
[root@centos ~]# useradd tom
```

不使用任何选项时，将按照系统默认值新建用户。系统在/home 目录新建与用户同名的子目录作为该用户的主目录，并且还新建一个与用户同名的私有组群作为该用户的主要组群。该用户的登录 Shell 为 Bash，UID 由系统自动分配。

【例 5-2】新建 jerry 用户，其主要组群为 helen。

```
[root@centos ~]# useradd -g helen jerry
```

新建用户时如果指定其所属的主要组群，系统就不会新建与用户同名的私有组群。系统仍将为该用户在/home 目录新建一个与用户同名的子目录，用户的登录 Shell 仍为 Bash，UID 仍由系统自动分配。

使用 useradd 命令新建用户账号，将在/etc/passwd 文件和/etc/shadow 文件中增加新用户的记录。如果同时还新建了私人组群，还将在/etc/group 文件和/etc/gshadow 文件中增加记录。

2. passwd 命令

格式：passwd [选项] [用户]

功能：设置或修改密码以及密码属性。

主要选项说明：

```
-d  用户名    删除用户的密码，则该用户账号无须密码即可登录系统
-l  用户名    暂时锁定指定的用户账号
-u  用户名    解除指定用户账号的锁定
-S  用户名    显示指定用户账号的状态
```

（1）设置与修改密码

超级用户使用 useradd 命令新建用户账号后，还必须使用 passwd 命令为用户设置初始密码，否则此用户账号将被禁止登录。普通用户以此初始密码登录后可自行修改密码。

【例 5-3】为 tom 用户设置初始密码。

```
[root@centos ~]# passwd tom
Changing password for user tom.
New password:
Retype new password:
passwd: all authentication tokens updated successfully.
```

Linux 安全性要求较高，如果密码少于 6 位、字符过于规律、字符重复性太高或者是英文单

词，系统都将出现提示信息，提醒用户密码不符合要求。合格的密码应当由字母、数字和符号混合编排，且长度超过 6 位。

Linux 中超级用户可以修改所有用户的密码，并且不需要先输入其原来的密码。普通用户使用 passwd 命令修改密码时不能使用参数，只能修改用户自己的密码并必须先输入原来的密码。

【例 5-4】 tom 用户登录后修改其密码。

```
[tom@centos ~]$ passwd
Changing password for user tom.
Changing password for tom.
(current) password:
New password:
Retype new password:
passwd: all authentication tokens updated successfully.
```

（2）删除密码

超级用户可删除用户的密码，该用户账号无须密码即可登录。

【例 5-5】删除 jerry 用户的密码。

```
[root@centos ~]# passwd -d jerry
Removing password for user jerry.
passwd: Success
```

jerry 用户登录系统时不需要输入密码，如图 5-16 所示。此时，查看/etc/shadow 文件会发现该用户账号所在行的密码字段为空白。超级用户或 jerry 用户可利用 passwd 命令重新设置密码。

```
centos login: jerry
Last login: Fri Apr 26 17:21:52 on tty3
[jerry@centos ~]$ _
```

图 5-16　删除用户密码后登录 Linux

要删除用户的密码，超级用户除了使用 passwd 命令以外，还可以直接编辑/etc/passwd 文件，清除指定用户账号密码字段的内容即可。

（3）锁定与解锁用户账号

用户因放假、出差等原因短期不使用系统时，出于安全考虑，系统管理员可以暂时锁定用户账号。用户账号一旦被锁定必须解除其锁定后才能继续使用。

【例 5-6】锁定 tom 用户账号。

```
[root@centos ~]# passwd -l tom
Locking password for user tom.
passwd: Success
```

tom 用户登录系统时，即使输入正确的密码，屏幕仍然显示 Login incorrect（登录出错）信息，如图 5-17 所示。

```
centos login: tom
Password:
Login incorrect
```

图 5-17　被锁定的用户账号无法登录

【例 5-7】解除 tom 用户账号的锁定。

```
[root@centos ~]# passwd -u tom
Unlocking password for user tom.
passwd: Success
```

超级用户也可以直接编辑/etc/passwd 文件，在指定的用户账号所在行前加上"#"或"*"符号使其成为注释行，那么该用户账号也被锁定不能使用。去除"#"或"*"符号，用户账号就可恢复使用。

（4）显示用户账号的状态

超级用户可以查看用户账号的状态，显示 Password set 等信息，表示用户账号正常；显示 Password locked 等信息，表示用户账号被锁定，而显示 Empty Password 等信息，则表示用户账号无密码。

【例 5-8】查看 tom 用户账号的当前状态。

```
[root@centos ~]# passwd -S tom
tom PS 2013-04-23 0 9999 7 -1 (Password set, SHA512 crypt.)
```

此时 tom 用户账号正常，密码已设置，并采用 SHA512 加密算法。

3. usermod 命令

格式：usermod [选项] 用户名

功能：修改用户的属性。只有超级用户才能使用此命令，且需要修改属性的用户当前未登录。

主要选项说明：

```
-c  全名              指定用户的全称，即用户的注释信息
-d  主目录            指定用户的主目录
-e  有效期限          指定用户账号的有限期限
-f  缓冲天数          指定密码过期后多久将关闭此账号
-g  组群 ID 或组群名   指定用户所属的主要组群
-G  组群 ID 或组群名   指定用户所属的附加组群
-s  登录 Shell        指定用户登录 Shell
-u  用户 ID           指定用户的 UID
-l  用户名            指定用户的新名称
```

usermod 命令可使用的选项跟 useradd 命令基本相同，唯一的不同在于 usermod 命令可以修改用户名。执行 usermod 命令将修改/etc/passwd、/etc/shadow、/etc/group 和/etc/gshadow 等文件的相关信息。

【例 5-9】将用户 tom 改名为 tommy。

```
[root@centos ~]# usermod -l tommy tom
```

原来名为 tom 的用户被改名为 tommy，而用户的其他信息没有变化，即 tommy 用户的主目录仍然是/home/tom，所属的组群、登录 Shell 和 UID 等都未改变。

4. userdel 命令

格式：userdel [-r] 用户名

功能：删除指定的用户账号，只有超级用户才能使用此命令。

选项说明：使用"-r"选项，系统不仅将删除此用户账号，并且还将用户的主目录也一并删除。如果不使用"-r"选项，则仅删除此用户账号。

【例 5-10】删除 tommy 用户账号及其主目录。

```
[root@centos ~]# userdel -r tommy
```

另外，如果在新建该用户时已创建私人组群，而该私人组群当前又无其他用户，那么在删除用户的同时也将一并删除这一私人组群。正在使用系统的用户不能被删除，必须退出登录才行。

5. su 命令

格式：`su [-] [用户名]`

功能：切换用户身份。无用户名参数，即切换为超级用户。超级用户可以切换为任何普通用户，而且不需要输入密码。普通用户转换为其他用户时需要输入被转换用户的密码。切换为其他用户之后就拥有该用户的权限。使用 exit 命令可返回到本来的用户身份。

选项说明："−"选项，表示切换时采用新用户的环境变量。

【例 5-11】普通用户 jerry 切换为 helen。

```
[jerry@centos jerry]$ su helen
Password:
[helen@centos jerry]$
```

切换用户时使用用户名参数，则切换为指定用户。本例中未使用 "−"选项，用户的环境变量未发生变化。从 Shell 命令提示符可知，虽然切换后当前用户是 helen，但当前的工作目录仍然是/home/jerry。

【例 5-12】普通用户 jerry 切换为超级用户，并使用超级用户的环境变量。

```
[jerry@centos ~]$ su -
Password:
[root@centos ~]#
```

命令 "su −"与 su − root 作用相同，均从普通用户切换为超级用户，需要输入超级用户的密码。从 Shell 命令提示符可知，切换后当前用户为 root，且当前工作目录也已切换为/root。

为保证系统安全，Linux 的系统管理员通常以普通用户身份登录，当要执行超级用户权限的操作时，才使用 "su −"命令切换为超级用户，执行完成后使用 exit 命令回到普通用户身份。

6. id 命令

格式：`id [用户名]`

功能：查看用户的 UID、GID 和用户所属组群的信息。不指定用户名，则显示当前用户的相关信息。

【例 5-13】查看普通用户 david 的用户信息。

```
[root@centos ~]# id david
uid=504(david) gid=500(helen) groups=500(helen),505(lucy)
```

由此可知，普通用户 david 的 UID 为 504，其主要组群为 helen（组群 ID 为 500），附加组群为 lucy（组群 ID 为 505）。

5.3.2 管理组群的 Shell 命令

1. groupadd 命令

格式：`groupadd [选项] 组群名`

功能：新建组群，只有超级用户才能使用此命令。

主要选项说明：

```
-g 组群 ID            指定组群的 GID
```

【例 5-14】新建 staff 组群。

```
[root@centos ~]# groupadd staff
```

利用 groupadd 命令新建组群时如果不指定 GID，则其 GID 由系统自动分配。执行 groupadd 命令后，/etc/group 和/etc/gshadow 文件中将增加一行记录。

2. groupmod 命令

格式：`groupmod [选项] 组群名`

功能：修改指定组群的属性，只有超级用户才能使用此命令。

主要选项说明：

```
-g  组群 ID          指定组群的 GID
-n  组群名           指定组群的新名字
```

3. groupdel 命令

格式：`groupdel 组群名`

功能：删除指定的组群，只有超级用户才能使用此命令。在删除指定组群之前必须确保该组群不是任何用户的主要组群，否则必须删除那些以此组群作为主要组群的用户才行。

【例 5-15】删除 staff 组群。

```
[root@centos ~]# groupdel staff
```

5.3.3 批量新建多个用户账号

作为系统管理员，有时需要批量新建多个用户账号。使用上述命令和方法将非常费时并且容易出错，而通过预先编写用户信息文件和密码文件，利用 newusers 等命令能实现批量添加用户账号的功能。

假设将新入学的所有 2014 级学生添加为 CentOS 6.5 的新用户，每个学生账号的用户名是 "s"+学号的组合，均属于 14students 组群，可通过以下步骤完成。

1. 创建 14students 组群

```
[root@centos ~]# groupadd -g 600 14students
```

为方便后续步骤，在此指定组群的 GID 为 600。

2. 创建用户信息文件

使用任何一种文本编辑器输入用户账号信息。用户账号信息必须符合/etc/passwd 文件的格式。每行内容为一个用户账号的信息，字段排列顺序也必须跟/etc/passwd 文件完全相同。每个用户账号的用户名和 UID 必须各不相同，GID 均为 600，密码字段部分输入 "x"。在此，用户信息文件保存为 student.txt，其内容如下：

```
S140101:x:601:600::/home/s140101:/bin/bash
S140102:x:602:600::/home/s140102:/bin/bash
S140103:x:603:600::/home/s140103:/bin/bash
…
```

3. 创建用户密码文件

使用任何一种文本编辑器输入用户名和密码信息。每行内容为一个用户账号的信息，用户名与用户信息文件的内容相对应。此时，用户密码文件保存为 password.txt，其内容如下：

```
S140101:s2b0Pkl
S140102:945jha
S140103:9KHBc38
…
```

注意：用户信息文件和用户密码文件中不可出现空行！

4．批量创建用户账号

超级用户利用 newusers 命令批量创建用户账号，只需将用户信息文件重定向给 newusers，系统就会自动新建用户账号。

```
[root@centos ~]# newusers < student.txt
```

操作无误后，查看/etc/passwd 文件会发现 student.txt 文件的内容追加到/etc/passwd 文件，而且系统还已在/home 目录中为每位用户创建其主目录。

5．暂时取消 shadow 加密

```
[root@centos ~]# pwunconv
```

为使用户密码文件中指定的密码可用，必须取消原有的 shadow 加密。超级用户利用 pwunconv 命令将/etc/shadow 文件中加密密码解密，并保存于/etc/passwd 文件，且删除/etc/shadow 文件。

6．为用户设置密码

超级用户利用 chpasswd 命令批量更新用户的密码，只需要把用户密码文件重定向给 chpasswd 程序，系统就会自动设置用户密码。

```
[root@centos ~]# chpasswd < password.txt
```

操作无误后，再次查看/etc/passwd 文件，会发现 password.txt 文件中的密码均出现在/etc/passwd 文件中相应用户的密码字段。显然，这样的/etc/passwd 文件存在很大的安全隐患，为此需要恢复 shadow 加密。

7．恢复 shadow 加密

```
[root@centos ~]# pwconv
```

pwconv 命令的功能跟 pwunconv 命令相反，能将/etc/passwd 文件中的密码字段进行 shadow 加密，并将加密后的密码保存到/etc/shadow 文件。

使用此方法批量创建的用户登录字符界面时，其 Shell 命令提示符不是标准格式，而显示为"-bash-4.1$"，如图 5-18 所示。将独立创建用户（如 helen）的主目录中的设置文件.bash_profile 和.bashrc 复制到那些批量创建用户的主目录中，再重新登录将恢复标准 Shell 命令提示符，如图 5-19 所示。

图 5-18　初始命令提示符

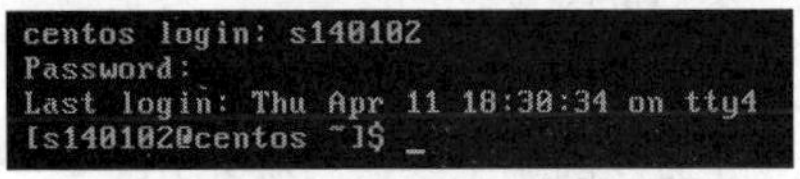

图 5-19　修改后命令提示符

小　结

用户与组群管理是 Linux 系统管理的最基本的内容之一。

Linux 的用户可分为超级用户、系统用户和普通用户三大类别。超级用户拥有系统的最高权限，在安装时创建并设置密码。系统用户是与系统服务相关的用户账号，通常不需要修改。普通用户由超级用户新建，权限相当有限。

每个用户账号都包括用户名、密码、用户 ID、所属主要组群 ID、登录 Shell、用户主目录以及密码要求等信息。/etc/passwd 和/etc/shadow 文件保存用户账号信息。

Linux 将具有相同特征的多个用户划归为一个组群。每个组群账号都包括组群名、组群 ID、用户列表等信息。/etc/group 和/etc/gshadow 文件保存组群账号信息。

用户与组群管理主要包括用户和组群的增加、删除、修改和查看等内容。既可以利用桌面环境下的用户管理者程序，也可以利用 Shell 命令来进行用户和组群管理，而其本质都是修改上述 4 个文件的内容。

习　题

一、选择题

1. 超级用户的提示符是以下哪个符号？　　　　　　　　　　　　　　　　　　　　　（　　）
   A. $　　　　　　　　　　B. ?　　　　　　　　C. #　　　　　　　　D. !

2. 以下哪个文件保存用户账号的 UID 信息？　　　　　　　　　　　　　　　　　　　（　　）
   A. /etc/users　　　　　B. /etc/shadow　　　C. /etc/passwd　　　D. /etc/inittab

3. 以下哪个文件存放组群账号的加密信息？　　　　　　　　　　　　　　　　　　　　（　　）
   A. /etc/passwd　　　　B. /etc/shadow　　　C. /etc/gshadow　　D. /etc/security

4. 使用 useradd 命令新建用户，如需指定用户的主目录，要使用哪个选项？　　　　　（　　）
   A. –g　　　　　　　　　B. –d　　　　　　　　C. –u　　　　　　　D. –s

5. root 组群的默认 GID 是多少？　　　　　　　　　　　　　　　　　　　　　　　　（　　）
   A. 0　　　　　　　　　　B. 1　　　　　　　　C. 2　　　　　　　　D. 500

6. 以下关于 passwd 命令的说法，哪个不正确？　　　　　　　　　　　　　　　　　　（　　）
   A. 普通用户利用 passwd 命令能够修改自己的密码
   B. 超级用户利用 passwd 命令能够修改自己和其他用户的密码
   C. 普通用户利用 passwd 命令不能修改其他用户的密码
   D. 普通用户利用 passwd 命令能够修改自己和其他用户的密码

7. 以下哪个命令能够在删除 peter 用户的同时删除其用户主目录？　　　　　　　　　（　　）
   A. rmuser –r peter　　　　　　　　　　B. deluser –r peter
   C. userdel –r peter　　　　　　　　　　D. usermgr –r peter

8. id 命令的哪个参数可显示用户账号的 UID 信息？　　　　　　　　　　　　　　　　（　　）
   A. –G　　　　　　　　　B. –g　　　　　　　　C. –n　　　　　　　D. –u

9. 以下哪个命令能获取系统的用户账号数？　　　　　　　　　　　　　　　　　　　　（　　）
   A. account –l　　　　　　　　　　　　　B. nl /etc/passwd |head
   C. wc ––users /etc/passwd　　　　　　　D. wc ––lines /etc/passwd

10. 临时禁止 jerry 用户登录系统，可以采用如下哪种方法？　　　　　　　　　　　　（　　）
    A. 修改 jerry 用户的登录 Shell 环境
    B. 删除 jerry 用户的主目录
    C. 修改 jerry 用户的 UID
    D. 编辑/etc/passwd 文件，在 jerry 用户账号行前加入"#"

二、思考题

1. /etc/passwd 文件的某行信息为 linux01:x:505:505:/home/linux12:/bin/bash，由此可知哪些信息？

2. 创建用户 duser01，设置其密码为 a1b2c3，UID 为 600，其主要组群为 group（group 组群已存在），请依次写出相应执行的命令。

3. 创建用户 duser02，设置其用户主目录为/duser02，密码为空，且其附加组群为 temp（temp 组群不存在），请依次写出相应执行的命令。

4. 利用 useradd term 命令新建用户账号时，将改变/etc 中哪些文件和目录？

第 6 章　文件系统与文件管理

本章包含两方面的内容：文件系统管理和文件管理。

文件系统管理部分首先介绍 Linux 的文件系统类型、文件系统的挂载和卸载、逻辑卷管理技术等，然后介绍包括移动存储介质（光盘和 U 盘）在内的磁盘管理方法，接着说明文件系统的配额管理的概念和方法。

文件管理部分首先介绍 Linux 标准文件布局、文件分类和文件权限等基本概念，然后讲解利用桌面图形化工具和 Shell 命令管理文件与目录、文件权限，并进行文件归档与压缩的方法，最后介绍 RPM 软件包管理和 YUM 在线更新管理等内容。

本章要点

- 文件系统；
- 磁盘管理；
- 配额管理；
- 文件布局和分类；
- 文件权限管理；
- 目录和文件管理；
- 文件归档与压缩管理；
- RPM 软件包管理；
- YUM 在线软件包管理。

6.1　文　件　系　统

文件系统是操作系统中与文件管理和存储相关的所有软件和数据的集合。

6.1.1　Linux 基本文件系统

1．ext4 文件系统

目前，Windows 通常采用 NTFS 文件系统，而 Linux 中存储程序和数据的磁盘分区通常采用 ext4 文件系统，实现虚拟存储的 swap 分区一定采用 swap 文件系统。

ext（Extended File System）文件系统系列（包括 ext、ext2、ext3 和 ext4）是专为 Linux 设计的文件系统，其继承 UNIX 文件系统的主要特色，采用三级索引结构和目录树形结构，并将设备作为特别文件处理。目前，绝大多数 Linux 发行版本采用的是 ext4 文件系统，其中也包括 CentOS 6.5。

ext4 文件系统具有以下特点：

- 性能强大：ext4 文件系统最大能够支持 IEB 的文件系统，16TB 的文件以及无限数量的子目录。
- 数据完整：ext4 具备强大的日志校验功能，能够保持数据与文件系统状态的高度一致性，避免意外关机对文件系统造成的破坏。
- 读取迅速：ext4 文件系统采用多块分配和延迟分配等技术，支持一次调用分配多个数据块，且待文件写入缓存完成后才开始分配数据，优化整个文件的数据块分配，显著提升性能。

2．swap 文件系统

swap 文件系统用于 Linux 交换分区，用于实现虚拟内存。

3．tmpfs 文件系统

tmpfs 文件系统是虚拟内存文件系统，读/写速度极快。tmpfs 的大小不固定，会随着所需虚拟内存的变化而动态增减。tmpfs 总是对应着/dev/shm 目录。

4．devpts 文件系统

devpts 文件系统用于管理远程虚拟终端文件设备，总是对应着/dev/pts 目录。

5．sysfs 文件系统

sysfs 文件系统用于管理系统设备，向用户和程序提供详尽的设备信息。与 sysfs 文件系统相对应的是/sys 目录。

6．proc 文件系统

proc 文件系统也是特殊的文件系统，只存在于内存，不占用磁盘空间。它以文件系统的方式为用户和程序通过内核访问进程及其他系统信息提供接口。

与 proc 文件系统相对应的是/proc 目录，其子目录中以数字命名的目录正是进程信息目录。系统当前运行的每个进程都对应着/pro 中的一个进程信息目录，目录名即为进程号。访问进程信息目录就可获取进程相关信息。

6.1.2　Linux 支持的文件系统

Linux 采用虚拟文件系统技术，支持多种常见的文件系统，并允许用户在不同的磁盘分区上挂载不同的文件系统。这大大提高了 Linux 的灵活性，而且易于实现不同操作系统环境之间的信息资源共享。

Linux 支持的文件系统类型主要有：

- msdos：MS-DOS 的 FAT 文件系统。
- vfat：Windows 的 FAT32 文件系统。
- ntfs：Windows 的 NTFS 文件系统。
- sysV：UNIX 最常用的 system V 文件系统。
- iso9660：CD-ROM 或 DVD-ROM 的标准文件系统。

6.1.3　文件系统的挂载与卸载

Linux 中存储介质，无论是硬盘还是 U 盘，都必须经过挂载才能进行文件存取操作。所谓挂载就是将存储介质的内容映射到指定的目录中，此目录即为该存储介质的挂载点。对存储介质的访问就变成对挂载点目录的访问。一个挂载点一次只能挂载一个设备。

Linux 的启动过程会将硬盘上的各个磁盘分区自动挂载到指定的目录，并在关机时自动卸载。而 U 盘等移动存储介质既可以在启动时自动挂载，也可以在需要时手动挂载/卸载。移动存储介质使用完毕后，必须正常卸载才能取出，否则有可能造成一些不必要的错误。

1. /etc/fstab 文件

/etc/fstab 文件保存文件系统开机自动挂载信息，某/etc/fstab 文件内容如下：

```
/dev/mapper/vg_centos-lv_root    /           ext4     defaults          1   1
UUID=0009469e4-984C-4423         /boot       ext4     defaults          1   2
-b972-24e98c2a16ff
/dev/mapper/vg_centos-lv_swap    swap        swap     defaults          0   0
tmpfs                            /dev/shm    tmpfs    defaults          0   0
devpts                           /dev/pts    devpts   gid=5,mode=620    0   0
sysfs                            /sys        sysfs    defaults          0   0
proc                             /proc       proc     defaults          0   0
```

/etc/fstab 文件中每行表示一个文件系统，每个文件系统的信息被空格划分出的 6 个字段表示，各字段的含义分别为：

- 标签名：采用逻辑卷管理（LVM）技术的分区显示为逻辑卷名，如/dev/mapper/vg_centos-lv_root；采用 proc 等特殊文件系统的分区仅显示文件系统名。
- 挂载点：文件系统的挂载位置，其中 swap 分区不需要挂载点。
- 文件系统类型：文件系统的类型。
- 命令选项：可为每个文件系统设置多个命令选项，命令选项之间使用逗号分隔。常用的命令选项如表 6-1 所示。

表 6-1　fstab 文件的常用命令选项

选　　项	含　　义
defaults	按默认值挂载，也就是说启动时将自动挂载，并可读可写
noauto	系统启动时不挂载，用户在需要时手动挂载
auto	系统启动时自动挂载
ro	该文件系统只可读不可写
rw	该文件系统既可读又可写
usrquota	该文件系统实施用户配额管理
grpquota	该文件系统实施组群配额管理

- 备份标记：只有两个取值：0 和 1。取值为 0 表示不需要备份；而取值为 1 表示需要备份。
- 检查标记：可有 3 个取值：0、1 和 2。取值为 0 表示不进行检查，取值为 1 表示最先执行检查，通常根分区（/）最先进行文件系统检查，取值为 1；其他需要进行检查的设置为 2。

编辑/etc/fstab 文件可实现开机自动挂载 U 盘等功能，但是/etc/fstab 文件对于系统启动意义重大，必须谨慎操作，否则可能导致系统崩溃。

2．/etc/mtab 文件

/etc/mtab 文件保存当前系统中文件系统的挂载信息，某/etc/mtab 文件内容如下：

```
/dev/mapper/vg_centos-lv_root / ext4 rw 0 0
proc /proc proc rw 0 0
sysfs /sys sysfs rw 0 0
devpts /dev/pts devpts rw,gid=5,mode=620 0 0
tmpfs /dev/shm tmpfs rw,rootcontext="system_u:object_r:tmpfs_t:s0" 0 0
/dev/sda1 /boot ext4 rw 0 0
/dev/sdb /media vfat rw 0 0
```

/etc/mtab 与/etc/fstab 类似，每行也表示一个文件系统，每个文件系统的信息也用空格划分为 6 个字段，前 4 个字段的含义分别为：标签名、挂载点、文件系统类型和命令选项；后 2 个字段目前仍为保留字段，默认为 0。两文件中各文件系统的排列顺序有所不同，且上述/etc/mtab 文件比/etc/fstab 多出一行 "/dev/sdb" 信息，这是系统运行过程中手动加载 U 盘的文件系统信息。

从文件形式上看，/etc/mtab 与/etc/fstab 基本相同，但是其意义却有所差异。/etc/fstab 规定开机后将自动挂载的文件系统列表；而/etc/mtab 反映的是当前的文件系统挂载情况。

6.1.4　逻辑卷管理

安装 Linux 时系统管理员需要确定分区大小，但是精确评估和分配分区容量非常困难。因为不但要考虑到当前每个分区需要的容量，还要预见该分区以后可能需要容量的最大值。如果估计不准确，当某个分区不够用时就必须备份整个系统、格式化硬盘、重新对硬盘分区，然后恢复数据到新分区。整个过程操作繁杂、十分不便。

逻辑卷管理（Logical Volume Manager，LVM）可以很好地解决这一难题。利用逻辑卷管理技术可以自由调整文件系统的大小，可以实现文件系统跨越不同磁盘和分区，大大提高了磁盘分区管理的灵活性。

与逻辑卷管理密切相关的概念如下，其相关关系如图 6-1 所示。

- 物理分区（Physical Partition）：存储空间分配中最小的存储单元。
- 物理卷（Physical Volume，PV）： LVM 的基本存储逻辑块，但和基本的物理存储介质相比包含有与 LVM 相关的管理参数。
- 卷组（Volume Group，VG）：一个或多个物理卷可整合成为一个卷组。

逻辑卷（Logical Volume，LV）：一个卷组可以划分出一个或多个逻辑卷，用于建立文件系统。

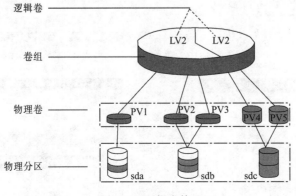

图 6-1　逻辑卷管理

简单而言，LVM 将若干个物理分区连接为一个整块的卷组，然后在卷组上创建逻辑卷，并进一步在逻辑卷上创建文件系统。利用 LVM 可以轻松管理磁盘分区，增加新磁盘时，直接借助 LVM 技术扩展文件系统跨越磁盘即可。

6.2 磁盘管理

6.2.1 桌面环境下管理移动存储介质

1. 管理光盘

根据 CentOS 6.5 的默认设置，桌面环境下光盘将被自动挂载。用户将光盘放入光驱后，桌面上自动出现光盘图标，并显示光盘卷标名（见图 6-2），并自动启动文件浏览器显示光盘内容，如图 6-3 所示。/media 是移动存储介质的默认挂载点，访问/media 目录下光盘卷标名子目录（如/media/ASP.NET）即可访问到光盘的所有内容。

图 6-2 光盘图标

右击光盘图标，弹出快捷菜单（见图 6-4），从中选择"弹出"命令，将卸载光盘并弹出光盘。选择"卸载"命令，则仅卸载光盘。如需要再次使用光盘，则双击桌面"计算机"图标打开"计算机"窗口，如图 6-5 所示，双击"CD/DVD 驱动器"图标，则挂载光盘，桌面再次出现光盘图标，文件浏览器自动打开并显示光盘内容。

图 6-3 自动显示光盘内容

图 6-4 光盘快捷菜单

图 6-5 "计算机"窗口

图 6-6 选择复制光盘或制作光盘映像文件

从光盘快捷菜单中选择"复制光盘"命令，打开"CD/DVD 复制选项"对话框，如图 6-6 所示。此时显示光盘数据的大小，如 37.2 MB，并可选择刻录光盘或者创建光盘的映像文件。

从"请选择要写入的光盘"下拉列表框中选择"映像文件"，将默认在当前用户的用户主目录下新建 TOC 格式的光盘映像文件，单击"属性"按钮，弹出"映像文件位置"对话框，如图 6-7 所示。在此可选择映像文件的类型（通常使用 ISO 文件格式）和保存路径。单击"复制"按钮，则开始生成映像文件，如图 6-8 所示。

图 6-7　设置映像文件名　　　　　　　　图 6-8　生成光盘映像文件

2．管理 U 盘

与光盘相同的是，桌面环境下将 U 盘（仅限于 FAT32 文件系统）插在 USB 接口后，U 盘将被自动挂载。桌面自动出现 USB 设备图标，并显示 U 盘的卷标名，如图 6-9 所示。系统会自动打开文件浏览器窗口显示 U 盘的内容。访问/media 目录下 U 盘卷标名目录（如/media/Teaching）也可访问到 U 盘内容。

右击 U 盘图标，弹出快捷菜单（见图 6-10），从中选择"卸载"命令，将卸载 U 盘。如需要再次使用，则双击桌面上的"计算机"图标，打开"计算机"窗口，然后双击 U 盘图标，则挂载 U 盘，桌面再次出现 USB 设备图标，并自动显示 U 盘内容。从 U 盘快捷菜单中，选择"安全移除驱动器"或"弹出"命令，则可以安全拔出 U 盘。

图 6-9　U 盘图标　　　　　　　　　图 6-10　U 盘快捷菜单

CentOS 6.5 默认不支持 NTFS 文件系统，必须安装 ntfs-3g 软件包后，才能挂载采用 NTFS 文件系统的移动存储介质。

6.2.2　管理磁盘的 Shell 命令

1. mount 命令

格式：mount　[选项]　[设备名]　[目录]

功能：查看文件系统挂载情况或将磁盘设备挂载到指定的目录。

无选项和参数时，查看当前文件系统的挂载情况，相当于查看/etc/mtab 文件的内容。

有选项和参数时，进行磁盘挂载操作。此时，目录参数为设备的挂载点。挂载点目录可以不为空，但必须已存在。磁盘设备挂载后，该挂载点目录的原文件暂时不能显示且不能访问，取代它的是挂载设备上的文件。原目录上文件待到挂载设备卸载后才能重新访问。

主要选项说明：

-t　文件系统类型　　　　　　挂载指定的文件系统类型

-r　　　　　　　　　　　　以只读方式挂载文件系统，默认为读/写方式

【例 6-1】查看已挂载的所有文件系统。

```
[helen@centos  ~]$ mount
/dev/mapper/vg_centos-lv_root on / type ext4 (rw)
proc  on /proc type proc  (rw)
sysfs on /sys type sysfs(rw)
devpts on /dev/pts type devpts(rw,gid=5,mode=620)
tmpfs on /dev/shm type tmpfs  (rw,rootcontent="system_u:object_r:tmpfs_t:s0")
/dev/sda1 on /boot type ext4(rw)
none on /proc/sys/fs/binfmt_misc type binfmt_misc(rw)
/dev/sr0 on /media/ASP.NET type iso9660 (ro,nosuid,nodev,uhelper=udisks,
uid=500,gid=500,iocharset=utf8,mode=0400,dmode=0500)
/dev/sdb1 on /media/TEACHING type vfat (rw, nosuid,nodev,uhelper=udisks,
uid=500,gid=500,shortname=mixed,dmask=0077,utf8=1,flush)
```

由此可知，系统当前已挂载多个文件系统，其中包括使用 ext4 文件系统的/分区和/boot 分区，也包括使用 tmpfs、proc 等特殊文件系统的分区，还挂载有 U 盘和光盘等移动介质。

【例 6-2】挂载光盘。

```
[root@centos ~]# mkdir  /media/cd
[root@centos ~]# mount -t  iso9660  /dev/cdrom  /media/cd
mount: block device /dev/sr0 is write-protected , mounting read-only
[root@centos ~]# ls  /media/cd
conan.rmvb
```

Linux 传统上将光盘设备表示为/dev/cdrom，若采取 scsi、ata 或 stat 接口，也可表示为/dev/sr0。

【例 6-3】挂载 U 盘（采用 FAT32 文件系统）。

```
[root@centos  ~]# mkdir  /media/usb
[root@centos  ~]# mount -t  vfat  /dev/sdb1  /media/usb
[root@centos  ~]# ls  /media/usb
gift.bmp  pictures
```

U 盘设备在 Linux 通常表示为/dev/sda1、/dev/sdb1 等，具体取决于 USB 端口。

字符界面下插入 U 盘时，屏幕自动出现 U 盘的相关信息，有利于识别 U 盘的设备名。某 U 盘插入时出现以下信息：

```
usb 1-1:configuration #1 chosen from 1 choice
Initializing USB emulation for USB Mass Storage devices
usbcore:registered new interface driver usb-storage
USB Mass Storage support registered.
scci 3:0:0:0: Direct-Access General USB Flash Disk 1100 PQ:0 ANSI:0 CCS
sd 3:0:0:0 Attached scsi generic sg2 type 0
sd 3:0:0:0 [sdb]39157776 512-byte logical blocks: (2.00GB/1.86 GB)
sd 3:0:0:0 [sdb]Write Protect is off
sd 3:0:0:0 [sdb]Attached driving cache:Write through
sd 3:0:0:0 [sdb]Attached driving cache:Write through
```

 sdb:sdb1

```
sd 3:0:0:0 [sdb]Attached driving cache:Write through
sd 3:0:0:0 [sdb]Attached SCSI removable disk
```

由此可知，当前 U 盘使用的是 sdb 接口，设备名为/dev/sdb1。不同的 U 盘提示信息会有所不同。

2. umount 命令

格式：umount　设备|目录

功能：卸载指定的设备，既可使用设备名，也可使用挂载目录名。

【例 6-4】卸载光盘。

```
[root@centos ~]# umount /media/cd
[root@centos ~]# ls /media/cd
[root@centos ~]#
```

进行卸载操作时，如果挂载设备中的文件正被使用，或者当前目录正是挂载点目录，系统会显示类似 mount：/media/cd：device is busy（设备正忙）的提示信息。用户必须关闭相关文件，或切换到其他目录才能进行卸载操作。

【例 6-5】卸载 U 盘。

```
[root@centos ~]# umount /dev/sdb1
[root@centos ~]# ls /media/usb
[root@centos ~]#
```

卸载成功后可拔出 U 盘，会出现类似 usb 1-1:USB disconnect,device number 的信息。

3. df 命令

格式：df　[选项]

功能：显示文件系统的相关信息。

主要选项说明：

```
-a                显示全部文件系统的使用情况
-t  文件系统类型  仅显示指定文件系统的使用情况
-x  文件系统类型  显示除指定文件系统以外的其他文件系统的使用情况
-h                以易读方式显示文件系统的使用情况
```

【例 6-6】显示全部文件系统的相关信息。

```
[helen@centos ~]$ df -a
 Filesy tem      1K-blocks    Used       Available   Use%   Mounted on
 /dev/mapper/vg_              337434
                 18102140                13808248    20%    /
 centos-lv_root              0
```

```
proc              0              0              0              -      /proc
sysfs             0              0              0              -      /sys
devpts            0              0              0              -      /dev/pts
tmpfs             515340         84             515256         1%     /dev/shm
/dev/sda1         495844         31999          438245         7%     /boot
none              0              0              0              -      /proc/sys/fs/binfmt_mis
```

6.3 配额管理

6.3.1 配额

配额是一种磁盘空间的管理机制。使用配额可限制用户或组群在某个特定文件系统中所能使用的最大空间。配额管理会对用户带来一定程度上的不便，但对系统来讲却十分必要。有效的配额管理可以确保用户使用系统的公平性和安全性。

Linux 针对不同的限制对象，可进行用户级和组群级的配额管理。配额管理文件保存于实施配额管理的那个文件系统的挂载目录中，其中 aquota.user 文件保存用户级配额的内容，而 aquota.group 文件保留组群级配额的内容。文件系统可以只采用用户级配额管理或组群级配额管理，也可以同时采用用户级和组群级配额管理。

根据配额特性的不同，可将配额分为硬配额和软配额，其含义如下：

- 硬配额是用户和组群可使用空间的最大值。用户在操作过程中一旦超出硬配额的界限，系统就发出警告信息，并立即结束写入操作。
- 软配额也定义用户和组群的可使用空间，但与硬配额不同的是，系统允许软配额在一段时期内被超过。这段时间称为过渡期（Grace Period），默认为 7 天。过渡期到期后，如果用户所使用的空间仍超过软配额，那么用户就不能写入更多文件。通常硬配额大于软配额。

只有 ext 文件系统的分区才能进行配额管理。/home 目录默认包含所有普通用户的主目录，因此对/home 所对应的文件系统进行配额管理，可以有效控制用户对磁盘空间的使用。实施配额管理一般要求独立的/home 分区，而对/分区和/boot 分区不进行配额管理。

6.3.2 管理配额的 Shell 命令

超级用户首先编辑/etc/fstab 文件，指定实施配额管理的分区及其实施配额管理方式，其次执行 quotacheck 命令检查进行配额管理的分区并创建配额管理文件，然后利用 edquota 命令编辑配额管理文件，最后启动配额管理即可。配额管理的相关命令包括：

1. quotacheck 命令

格式：quotacheck 选项

功能：检查文件系统的配额限制，并可创建配额管理文件。

主要选项说明：

-a	检查/etc/fstab 文件中进行配额管理的分区
-g	检查配额管理分区，并可创建 aquota.group 文件
-u	检查配额管理分区，并可创建 aquota.user 文件
-v	显示命令的执行过程

2. edquota 命令

格式：`edquota` 选项

功能：编辑配额管理文件。

主要选项说明：

`-u` 用户名	设置指定用户的配额
`-g` 组群名	设置指定组群的配额
`-t`	设置过渡期
`-p` 用户名 1 用户名 2	将用户 1 的配额设置复制给用户 2

3. repquota 命令

格式：`repquota` 选项

主要选项说明：

`-a`	查看所有配额管理
`-g`	查看组群级的配额管理
`-u`	查看用户级配额管理

4. quotaon 命令

格式：`quotaon` 选项

主要选项说明：

`-a`	启动所有配额管理
`-g`	启动组群级配额管理
`-u`	启动用户级配额管理

功能：启动配额管理，其主要选项与 quotacheck 命令相同。

与之相反的 quotaoff 命令可关闭配额管理。

【例 6-7】对/home 分区实施用户级的配额管理，普通用户 helen 和 jerry 的软配额为 100 MB，硬配额为 150 MB。

* 使用文本编辑工具编辑/etc/fstab 文件，对/home 所在行进行修改，增加命令选项 usrquota。
  此时/etc/fstab 文件内容如下：

```
/dev/mapper/vg_centos-lv_root    /        ext4         defaults       1   1
UUID=aea44cac-cd76-4537-b7bb-575087fe82e4/boot          ext4defaults   1   2
/dev/mapper/vg_centos-lv_home            /home   ext4defaults,usrquota  1   2
/dev/mapper/vg_centos-lv_swap      swap       swap       defaults       0   0
tmpfs                              /dev/shm   tmpfs      defaults       0   0
devpts                             /dev/pts   devpts     gid=5,mode=620 0   0
sysfs                              /sys       sysfs      defaults       0   0
proc                               /proc      proc       defaults       0   0
```

* 重新启动，按照改动后的/etc/fstab 文件重新挂载各文件系统。
* 利用 quotacheck 命令创建 aquota.user 文件。

```
[root@centos ~]# quotacheck -avu
quotacheck:Your kernel probably supports journaled quota but you are no using
it.Consider switching to journaled quota to avoid running quotacheck after an
unclean shutdown.
quotacheck: Scanning /dev/mapper/vg_centos-lv_home [/home] done
quotacheck: Cannot stat old group quota file:No such file or directory
```

```
quotacheck: Old group file not found. Usage will not be substracted
quotacheck: Checked 7 directories and 3 files
quotacheck: Old file not found.
```

此时，查看/home 目录会发现系统自动创建用户级的配额管理文件 aquota.user。

• 利用 edquota 命令编辑 aquota.user 文件，设置用户 helen 的配额。

```
[root@centos ~]# edquota helen
```

输入此命令后，系统进入 vi 编辑模式，编辑后内容如下：

```
Disk quotas for user helen (uid 500)
Filesystem                    blocks  soft  hard  inodes  soft  hard
/dev/mapper/vg_centos-lv_home    32     0     0      8      0     0
~
```

由此可知，实施配额管理的文件系统的逻辑卷名为/dev/mapper/vg_centos-lv_home，helen 用户已使用 32 KB 磁盘空间。设置 helen 用户的软硬配额，在第三栏（ soft ）下设置软配额，第四栏（ hard ）下设置硬配额，默认单位以 KB，如下所示。最后保存修改并退出 vi。

```
Disk quotas for user helen (uid 500)
Filesystem                    blocks   soft     hard   inodes  soft  hard
/dev/mapper/vg_centos-lv_home    32    102400  153600    8      0     0
~
```

• 利用 edquota 命令将用户 helen 的配额设置复制给 jerry 用户。

```
[root@centos ~]# edquota -p helen jerry
```

• 启动配额管理。

```
[root@centos ~]# quotaon -avu
/dev/mapper/vg_centos-lv_home [/home]: user quotas turned on
```

• 测试用户配额。

设置过用户配额管理的普通用户（ helen 或者 jerry ）登录后，从移动存储介质向用户主目录复制文件。当只是超过软配额时，屏幕提示信息如下所示，但当前文件仍然能够保存。

```
[helen@centos ~]$ cp /media/*.exe ~
dm-2:warning,user block quota exceeded
```

而如果继续复制文件，一旦超过硬配额，系统自动终止复制过程，并提示如下信息：

```
[helen@centos ~]$ cp /media/*.rar ~
dm-2:warning,user block quota exceeded
dm-2:write failed,user block limit reached.
cp:writing '/home/helen/Linux.rar' Disk quota exceeded
```

此时未能复制 Linux.rar 文件，helen 用户的所有配额都已使用完毕。

【例 6-8】对/home 文件系统实施组群级配额管理，staff 组群的软配额是 500 MB，硬配额是 600 MB。

• 使用文本编辑工具编辑/etc/fstab 文件，对"/home"所在行进行修改，增加命令选项 grpquota。

此时/etc/fstab 文件内容如下所示：

```
/dev/mapper/vg_centos-lv_root    /         ext4       defaults        1  1
UUID=aea44cac-cd76-4537-b7bb-575087fe82e4/boot  ext4defaults         1  2
/dev/mapper/vg_centos-lv_home              /home  ext4defaults,grpquota 1  2
/dev/mapper/vg_centos-lv_swap              swap   swap    defaults      0  0
tmpfs                            /dev/shm  tmpfs   defaults            0  0
devpts                           /dev/pts  devpts  gid=5,mode=620      0  0
```

```
sysfs                              /sys        sysfs      defaults        0    0
proc                               /proc       proc       defaults        0    0
```

- 重新启动，按照改动后的/etc/fstab 文件重新挂载各文件系统。
- 利用 quotacheck 命令，创建 aquota.group 文件。

```
[root@centos ~]# quotacheck -avg
quotacheck:Your kernel probably supports journaled quota but you are no using
it.Consider switching to journaled quota to avoid running quotacheck after an
unclean shutdown.
quotacheck: Scanning /dev/mapper/vg_centos-lv_home [/home] done
quotacheck: Old user file not found. Usage will not be substracted
quotacheck: Cannot stat old group quota file:No such file or directory
done
quotacheck: Checked 7 directories and 3 files
quotacheck: Old file not found.
```

此时，查看/home 目录会发现系统已新建组群级的配额管理文件 aquota.group。

- 利用 edquota 命令，为 staff 组群设置配额。

```
[root@centos ~]# edquota -g staff
```

输入此命令后，系统会进入 vi 模式，编辑后内容如下：

```
Disk quotas for group  staff (uid 500)
Filesystem                     blocks   soft      hard   inodes  soft  hard
/dev/mapper/vg_centos-lv_home    148     512000   614400    11     0     0
~
```

- 最后执行 quotaon –avg 命令，启动组群级配额管理。

```
[root@centos ~]# quotaon -avg
/dev/mapper/VolGroup00-LogVol01 [/home]: group quotas turned on
```

staff 组群中所有用户在/home 中使用的空间总和一旦超过 500 MB，就会收到警告信息，且最多为 600 MB。

6.4　文件布局和分类

Linux 采用与 Windows 完全不同的独立文件系统存取方式，不使用设备标识符（c、d、……），而是将所有的文件系统连在唯一的根目录（/）下形成树形结构。Linux 系统按树形目录结构组织和管理系统的所有文件。

6.4.1　标准文件布局

Linux 遵循文件系统层次标准（Filesystem Hierarchy Standard，FHS），采用标准的目录布局结构，如图 6-11 所示。

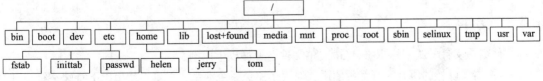

图 6-11　Linux 标准文件布局

常用的基本目录如下：

/	Linux 目录结构的起点
bin	存放可执行命令，如 chmod、date
boot	存放系统启动时所需的文件，包括内核和引导装载程序
dev	存放所有的设备文件，如 cdrom 为光盘设备
etc	存放系统配置文件，如 passwd、fstab
home	包含所有普通用户的主目录
lib	包含系统二进制文件所需的共享库
lost+found	存放文件系统发生故障后无法归位的文件
media	移动存储介质的默认挂载点
mnt	用于临时性挂载文件系统
proc	存放进程的运行信息，由内核在内存中产生
root	超级用户的主目录
sbin	和 bin 目录相似，也存放系统管理命令，但一般只有超级用户才能使用
selinux	存放 SELinux 的相关文件
tmp	存放公用的临时文件
usr	存放应用程序及其相关文件
var	存放系统中经常变化的文件，如系统日志文件、用户邮件等

6.4.2 文件分类

Linux 将文件分成四大类别：普通文件、目录文件、链接文件和设备文件。

1．普通文件

普通文件分为二进制文件和文本文件，是用户最常用的文件。二进制文件直接以二进制形式存储信息，一般是可执行的程序、图形、图像和声音等文件。文本文件以文本的 ASCII 编码形式存储信息，大多是系统配置文件。

2．目录文件

目录文件简称目录，存储一组相关文件的位置、大小等信息。

3．链接文件

链接文件分为硬链接文件和符号链接文件。硬链接文件保留所链接文件的索引结点（磁盘的具体物理位置）信息，即使被链接文件更名或者移动，硬链接文件仍然有效。Linux 要求硬链接文件和被链接的文件必须属于同一分区并采用相同的文件系统。

符号链接文件类似于 Windows 中的快捷方式，其本身并不保存文件内容，而只记录所链接文件的路径。如果被链接文件更名或者移动，符号链接文件就无任何意义。

4．设备文件

设备文件是存放输入/输出设备信息的文件。

6.4.3 文件名

文件名是文件的唯一标识符，Linux 中文件名遵循以下原则：

- 除 "/" 以外的所有字符都可使用，但为了避免系统混乱，尽量不使用以下特殊字符：

  ?　$　#　*　&　!　\　,　;　<　>　[　]　{　}　(　)　^　@

% | ″ ′ `

- 可使用长文件名，严格区分大小写字母。
- 尽量设置具有意义的文件名。

MS-DOS 和 Windows 中所有文件都以"文件主名.扩展名"格式表示，文件扩展名表示文件的类型，如*.exe 表示可执行文件。Linux 不强调文件扩展名的作用，如 test.txt 文件就不一定是文本文件，也有可能是可执行文件。Linux 中文件甚至还可以没有扩展名。但为方便使用，数据文件通常还是使用"文件主名.扩展名"格式，并遵循一定的扩展名规则。Linux 中文件扩展名与文件类型的关系如表 6-2 所示。

表 6-2 文件扩展名

（a）系统文件

扩 展 名	文 件 类 型
.rpm	RPM 软件包文件
.conf 或 .cfg	系统配置文件
.lock	锁定文件

（b）归档和压缩文件

扩 展 名	文 件 类 型
.zip	zip 压缩文件
.tar	归档文件
.gz	gzip 命令产生的压缩文件
.bz2	bzip2 命令产生的压缩文件

（c）程序和脚本文件

扩 展 名	文 件 类 型
.c	C 语言源程序代码文件
.cpp	C++语言源程序代码文件
.o	程序对象文件
.so	库文件
.sh	Shell 脚本文件

（d）多媒体文件

扩 展 名	文 件 类 型
.gif	GIF 图像文件
.jpg	GPEG 图像文件
.png	PNG 图像文件
.htm 或 .html	HTML 超文本文件
.wav	音频波形文件

6.5 文件权限管理

6.5.1 文件权限

为了保证系统安全，Linux 采用比较复杂的文件权限管理机制。Linux 中文件权限取决于文件的所有者、文件所属组群，以及文件所有者、同组用户和其他用户各自的访问权限。

1．访问权限

每个文件和目录都具有以下访问权限，3 种权限之间相互独立。

- 读取权限：浏览文件/目录中内容的权限。
- 写入权限：对文件而言是修改文件内容的权限，对目录而言是删除、添加和重命名目录内文件的权限。
- 执行权限：对可执行文件而言是允许执行的权限，对目录而言是进入目录的权限。

2．与文件权限相关的用户分类

文件权限与用户和组群密切相关，以下三类用户的访问权限相互独立。

- 文件所有者（Owner）：建立文件的用户。
- 同组用户（Group）：文件所属组群中的所有用户。
- 其他用户（Other）：既不是文件所有者，又不是同组用户的其他所有用户。

超级用户负责整个系统的管理和维护，拥有系统中所有文件的全部访问权限。

3．访问权限的表示法

（1）字母表示法

Linux 中每个文件的访问权限均用分成三组的 9 个字母表示，利用 ls –l 命令可列出每个文件的权限，其表示形式和含义如图 6-12 所示。

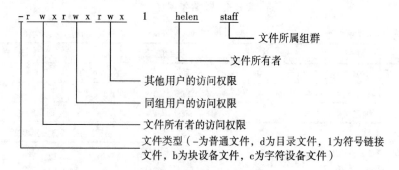

图 6-12　文件权限的字母表示法

每组文件访问权限位置固定，依次为读取、写入和执行权限。例如，–rw-r--r--表示该文件是一普通文件，文件所有者拥有读/写权限、同组用户和其他用户仅有读取权限。

（2）数字表示法

每类用户的访问权限也可用数字的方式表示出来，如表 6-3 所示。

表 6-3　文件权限的数字表示法

字母表示形式	十进制数表示形式	权 限 含 义	字母表示形式	十进制数表示形式	权 限 含 义
---	0	无任何权限	r--	4	可读
--x	1	可执行	r-x	5	可读和可执行
-w-	2	可写	rw-	6	可读和可写
-wx	3	可写和可执行	rwx	7	可读、可写和可执行

文件初始访问权限在创建时由系统自动赋予，文件所有者或超级用户可以修改文件权限。

6.5.2　桌面环境下修改文件权限

在桌面环境下右击文件，弹出快捷菜单，从中选择"属性"命令，弹出文件的"属性"对话框，如图 6-13 所示。在"基本"选项卡中可修改文件的名字图标。"权限"选项卡（见图 6-14）显示该文件的所有者和所属群组，以及文件所有者、同组用户及其他用户各自的访问权限。单击"群组"下拉列表框可修改文件所属的群组。在"所有者""群组"和"其他"下的"访问"下拉列表框可以改变文件的访问权限。

图 6-13 "基本"选项卡

图 6-14 "权限"选项卡

6.5.3 修改文件权限的 Shell 命令

1. chmod 命令

格式 1：chmod　数字模式　文件

格式 2：chmod　功能模式　文件

功能：修改文件的访问权限。

● 数字模式为一组三位的数字，如 755、644 等。

● 功能模式由以下三部分组成：

对象：　　u　　文件所有者

　　　　　g　　同组用户

　　　　　o　　其他用户

操作符：　+　　增加权限

　　　　　-　　删除权限

　　　　　=　　赋予给定权限

权限：　　r　　读取权限

　　　　　w　　写入权限

　　　　　x　　执行权限

【例 6-9】取消同组用户对 file 文件的写入权限。

```
[helen@centos ~]$ ls -l
total 16
-rw-rw-r-- 1 helen helen 9    Jun 12 20:07 file
drwxrwxr-x 2 helen helen 4096 Jun 12 20:08 pict
[helen@centos ~]$ chmod g-w file
[helen@centos ~]$ ls -l
total 16
-rw-r--r-- 1 helen helen 9    Jun 12 20:07 file
drwxrwxr-x 2 helen helen 4096 Jun 12 20:08 pict
```

【例6-10】将 pict 目录的访问权限设置为 755。

```
[helen@centos ~]$ chmod 755 pict
[helen@centos ~]$ ls -l
total 16
-rw-r--r-- 1 helen helen 9    Jun   12 20:07 file
drwxr-xr-x 2 helen helen 4096 Jun   12 20:08 pict
```

2. chgrp 命令

格式：chgrp 组群 文件

功能：改变文件的所属组群。

【例6-11】将 ex1 文件所属的组群由 root 改为 staff。

```
[root@centos ~]# ls -l
total 16
-rw-r--r-- 1 root  root  4 Jun 12 20:16 ex1
-rw-r--r-- 1 root  root  7 Jun 12 20:17 ex2
[root@centos ~]# chgrp staff ex1
[root@centos ~]# ls -l
total 16
-rw-r--r-- 1 root  staff 4 Jun 12 20:16 ex1
-rw-r--r-- 1 root  root  7 Jun 12 20:17 ex2
```

3. chown 命令

格式：chown 文件所有者[:组群] 文件

功能：改变文件的所有者，并可一并修改文件的所属组群。

【例6-12】将文件 ex1 的所有者由 root 改为 helen。

```
[root@centos ~]# chown helen ex1
[root@centos ~]# ls -l
total 16
-rw-r--r-- 1 helen staff 4 Jun 12 20:16 ex1
-rw-r--r-- 1 root  root  7 Jun 12 20:17 ex2
```

【例6-13】将 ex2 文件的所有者和所属组群设置为 helen 用户和 helen 组群。

```
[root@centos ~]# chown helen:helen ex2
[root@centos ~]# ls -l
total 16
-rw-r--r-- 1 helen staff 4 Jun 12 20:16 ex1
-rw-r--r-- 1 helen helen 7 Jun 12 20:17 ex2
```

6.6　目录和文件管理

6.6.1　桌面环境下管理目录和文件

桌面环境下打开文件浏览器可以查看目录和文件的信息，并可利用文件浏览器的菜单命令或快捷菜单对文件和目录进行移动、复制、重命名、删除、修改属性等操作，还能创建目录和符号链接文件。

1. 搜索文件

在 GNOME 桌面环境下依次选择"位置"→"搜索文件"命令，打开"搜索文件"窗口。在"名称包含"文本框中输入搜索的文件目录名，可使用通配符。默认搜索当前用户的主目录，在"搜索文件夹"下拉列表框中可选择其他目录作为文件搜索的起始路径。

单击"选择更多选项"按钮扩展搜索条件。在"含有文本"文本框中可搜索文件中包含的字符串；在"可用选项"下拉列表框中可选定更多搜索条件，单击"添加"按钮后增加搜索条件行，在对应的文本框中输入条件即可，如图 6-15 所示。最后单击"查找"按钮，"搜索结果"列表框将显示满足所有条件的文件和目录。

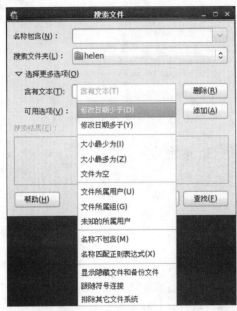

图 6-15 "搜索文件"窗口

2. 磁盘分析

在桌面环境下依次选择"应用程序"→"系统工具"→"磁盘使用分析器"命令，打开"磁盘使用分析器"窗口，如图 6-16 所示。窗口中默认显示整个文件系统的总容量和总用量，如当前文件系统总容量为 18.7 GB，其中已使用 3.7 GB，并用圆环图表示出使用比例。

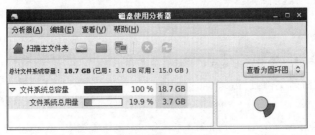

图 6-16 "磁盘使用分析器"窗口

单击工具栏中的"扫描主文件夹"按钮显示当前用户的主目录使用情况，单击"扫描文件系统"按钮则显示根目录下各目录的使用情况，如图 6-17 所示。还可以扫描指定文件夹或者网络中共享目录的使用情况。扫描结果还能按照目录名称或者使用空间大小进行排序。

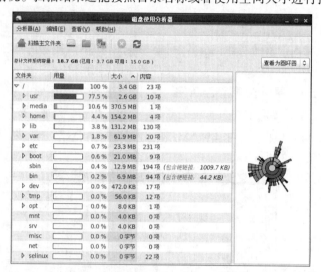

图 6-17　查看各目录的使用情况

6.6.2　管理目录和文件的 Shell 命令

1. mkdir 命令

格式：`mkdir [选项] 目录`

功能：创建目录。

主要选项说明：

-m 访问权限　　　　创建目录的同时设置目录的访问权限

-p　　　　　　　　一次性创建多级目录

【例 6-14】创建名为 test 的目录，并在其下创建 linux 目录。

```
[helen@centos ~]$ ls
file  pict
[helen@centos ~]$ mkdir -p test/linux
[helen@centos ~]$ ls
file  pict  test
[helen@centos ~]$ cd test
[helen@centos test]$ ls
linux
```

2. mv 命令

格式：`mv [选项] 源文件或源目录 目标文件或目标目录`

功能：移动或重命名文件或目录。

主要选项说明：

-b　　　　　　　若存在同名文件，则在覆盖之前备份原来的文件

-f　　　　　　　强制覆盖同名文件

【例 6-15】将 pict 目录改名为 pictures。

```
[helen@centos ~]$ mv pict pictures
[helen@centos ~]$ ls
file pictures test
```

【例 6-16】将 file 文件移动到 test 目录。

```
[helen@centos ~]$ mv file test/
[helen@centos ~]$ ls
pictures test
[helen@centos ~]$ cd test
[helen@centos test]$ ls
file linux
```

3. cp 命令

格式：cp ［选项］ 源文件或源目录　目标文件或目标目录

功能：复制文件或目录。

主要选项说明：

-b	若存在同名文件，则在覆盖之前备份原来的文件
-f	强制覆盖同名文件
-r 或-R	按递归方式，保留原目录结构复制文件

【例 6-17】将 ex1 文件复制为 ex2。若 ex2 文件已存在，则备份原来的 ex2 文件。

```
[root@centos ~]# ls
ex1 ex2
[root@centos ~]# cp -b ex1 ex2
cp: overwrite'ex2'? y
[root@centos ~]# ls
ex1 ex2 ex2~
```

由此可知，备份文件名在原文件名基础上加上"~"符号。

4. rm 命令

格式：rm ［选项］ 文件或目录

功能：删除文件或目录。

主要选项说明：

-f	强制删除，不需要确认
-r 或-R	按递归方式删除目录

【例 6-18】删除 ex2 文件。

```
[root@centos ~]# rm -f ex2
[root@centos ~]# ls
ex1 ex2~
```

【例 6-19】删除 test 目录，连同其下子目录。

```
[helen@centos ~]$ ls
pictures test
[helen@centos ~]$ rm -rf test
[helen@centos ~]$ ls
pictures
```

5. ln 命令

格式：`ln [选项] 目标文件 链接文件`

功能：建立链接文件，默认建立硬链接文件。

主要选项说明：

```
-b        若存在同名文件，则覆盖前备份原来的文件
-s        建立符号链接文件
```

【例 6-20】建立/etc/passwd 文件的符号链接文件 passwd.lnk。

```
[helen@centos ~]$ ln -s /etc/passwd passwd.lnk
[helen@centos ~]$ ls -l
total 4
lrwxrwxrwx  1  helen  helen  11    Jun 12  21:09  passwd.lnk -> /etc/passwd
drwxr-xr-x  2  helen  helen  4096  Jun 12  20:08  pictures
```

6. find 命令

格式：`find [路径] 表达式`

功能：从指定路径开始向下搜索满足表达式的文件和目录。不指定路径，则查找当前目录。当查找到用户不具有执行权限的目录时，屏幕将显示"权限不够"等提示信息。

主要表达式：

```
-name  文件          按文件名查找，可使用通配符
-group 组群名         查找文件所属组群为指定组群的文件
-user  用户名         查找文件所有者为指定用户的文件
-type  文件类型       按照文件类型查找，其中 d 为目录文件，l 为符号链接文件
-size  [+|-]文件大小  查找指定大小的文件，"+"表示超过，"-"表示不足
```

【例 6-21】查找/etc 目录中以 fs 开头的文件和目录。

```
[root@centos ~]# find /etc -name fs*
/etc/fstab
```

【例 6-22】查找当前目录中的所有符号链接文件。

```
[helen@centos ~]$ find -type l
./passwd.lnk
(略)
```

find 命令将显示满足条件的所有文件，包括隐藏文件和隐藏目录。

【例 6-23】查找当前目录中所有大于 100 KB 的文件和目录。

```
[helen@centos ~]$ find -size +100k
(略)
```

7. grep 命令

格式：`grep [选项] 字符串 文件列表`

功能：从指定文本文件中查找符合条件的字符串，默认显示指定字符串所在行的内容。

主要选项说明：

```
-n        显示行号
-v        显示不包含指定字符串的行
-i        查找时不区分大小写
```

【例 6-24】查找/etc/passwd 文件中包含 helen 的行，并显示其行号。

```
[helen@centos ~]$ grep  -n  helen  /etc/passwd
34: helen:x:500:500::/home/helen:/bin/bash
```

8. du 命令

格式：du　[选项]　[目录或文件]

功能：显示目录或文件大小，默认以 KB 为单位。

主要选项说明：

-a　　　　显示指定目及其所有子目录和文件的大小，默认只显示目录的大小
-h　　　　以易读方式显示目录或文件的大小
-s　　　　只显示指定目录的大小，而不显示其子目录的大小

【例 6-25】查看 helen 用户主目录的大小。

```
[helen@centos ~]$ du -sh /home/helen
399M /home/helen
```

6.7　文件归档与压缩

6.7.1　桌面环境下归档与压缩文件

在桌面环境下依次选择"应用程序"→"附件"→"归档管理器"命令，打开"归档管理器"窗口。归档管理器几乎支持所有流行的压缩格式，包括 tar、tar.gz、tar.bz2、zip、gz 等。

1. 新建归档/压缩文件

选择"文件"菜单中的"新建"命令，弹出"新建"对话框。在"名称"文本框中输入归档/压缩文件名。如果"归档文件类型"设置为"自动"，那么归档管理器将根据用户输入的文件扩展名，决定归档/压缩文件的类型。如果只输入文件主名，则自动创建 tar.gz 文件。如果从"归档文件类型"下拉列表框中选择具体的文件类型，则用户只需要输入文件主名，归档管理器将根据用户选择的归档/压缩类型自动添加文件扩展名，如图 6-18 所示。

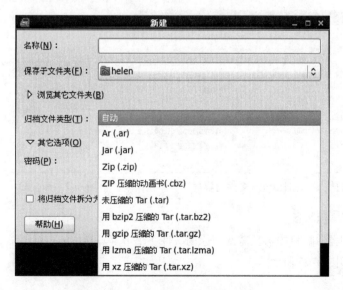

图 6-18　新建归档/压缩文件

归档/压缩文件默认保存至当前用户的主目录，也可单击"浏览其他文件夹"，将其保存在其他位置。最后单击"创建"按钮，返回"归档管理器"窗口。此时"归档管理器"窗口的标题栏显示归档/压缩文件名，如图 6–19 所示。

归档管理器提供两种添加方式：添加文件或添加文件夹。单击工具栏中的"添加文件"按钮，弹出"添加文件"对话框，可将文件逐个加入到归档/压缩文件；也可以单击单击工具栏中的"添加文件夹"按钮，弹出"添加文件夹"对话框，如图 6–20 所示。此时，可将文件夹中包括子文件夹在内的所有内容添加到归档/压缩文件，还可限定某些类型的文件不进行归档/压缩。单击"添加"按钮，所选文件出现在"归档管理器"的文件列表，如图 6–21 所示。

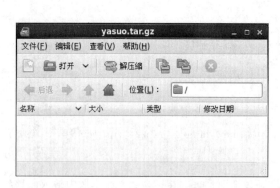

图 6–19　打开归档/压缩文件　　　　　　　图 6–20　添加文件夹至归档/压缩文件

2. 删除归档/压缩文件的内容

从文件列表中选择一个或多个文件，按【Delete】键，弹出"删除"对话框（见图 6–22），确认删除指定的文件即可。

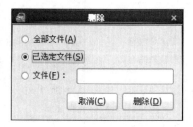

图 6–21　显示归档/压缩文件内容　　　　　图 6–22　删除归档/压缩文件中的文件

3. 还原归档/压缩文件

从"归档管理器"窗口中选择需要还原的文件，单击工具栏中的"解压缩"按钮，弹出"解压缩"对话框，如图 6–23 所示。

图 6-23　"解压缩"对话框

文件默认还原至当前用户的主目录，可根据需要决定还原路径以及是否覆盖已有文件等。

4．快速归档/压缩文件

归档管理器已被集成到文件浏览器，在文件浏览器中也可以进行文件归档/压缩操作。右击需要进行归档/压缩的文件和目录，弹出快捷菜单，从中选择"压缩"命令，弹出如图 6-24 所示的"压缩"对话框。

在"文件名"文本框中输入归档/压缩文件名，还可以指定归档/压缩文件的保存位置。单击".tar.gz"按钮可展开文件类型下拉列表，选择归档/压缩的文件类型，最后单击"创建"按钮即可。

5．快速还原归档/压缩文件

在文件浏览器中右击归档/压缩文件，弹出快捷菜单，如图 6-25 所示。

- 选择"解压缩到此处"命令，归档/压缩文件中的所有文件和目录将还原到当前目录。
- 选择"用归档管理器打开"命令，则打开如图 6-21 所示的"归档管理器"窗口，再进一步执行还原操作。

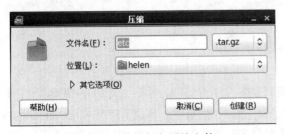

图 6-24　快速打包压缩文件　　　　　图 6-25　归档/压缩文件的快捷菜单

6.7.2 归档与压缩文件的 Shell 命令

1. tar 命令

格式：`tar  选项  归档/压缩文件  [文件或目录列表]`

功能：将多个文件或目录归档为 tar 文件，使用相关选项还可压缩归档文件。

主要选项说明：

-c	创建归档/压缩文件
-t	显示归档/压缩文件的内容
-x	还原归档/压缩文件中的文件和目录
-v	显示命令的执行过程
-z	采用 gzip 方式压缩/解压缩归档文件
-j	采用 bzip2 方式压缩/解压缩归档文件
-f	tar 命令的必需选项

【例 6-26】将/etc 目录下的所有 conf 文件归档为 etc.tar 文件。

```
[root@centos ~]# ls
ex1 ex2~
[root@centos ~]# tar -cf etc.tar /etc/*.conf
tar: Removing leading '/' from member names
[root@centos ~]# ls
etc.tar ex1 ex2~
```

【例 6-27】将/etc 目录下的所有 conf 文件归档并压缩为 etc.tar.gz 文件。

```
[root@centos ~]# tar -czf etc.tar.gz /etc/*.conf
tar: Removing leading '/' from member names
[root@centos ~]# ls -l
total 16156
-rw-r--r-- 1  root   root   215040 June  13  16:02  etc.tar
-rw-r--r-- 1  root   root   55796  June  13  16:02  etc.tar.gz
-rw-r--r-- 1  helen  staff  4      June  12  20:16  ex1
-rw-r--r-- 1  helen  helen  7      June  12  20:17  ex2~
```

【例 6-28】查看 etc.tar.gz 文件中的内容。

```
[root@centos ~]# tar -tf etc.tar.gz
etc/autofs_ldap_auth.conf
etc/capi.conf
  (略)
```

归档/压缩操作时，系统会保留文件和目录的路径，并将绝对路径变为相对路径。

【例 6-29】将 etc.tar 文件中的 yum.conf 文件还原到当前目录。

```
[root@centos ~]# tar -xf etc.tar etc/yum.conf
[root@centos ~]# ls
etc etc.tar etc.tar.gz ex1 ex2~
[root@centos ~]# ls etc/
yum.conf
```

由于进行归档/压缩操作采用的是相对路径，所以还原某个文件时必须使用相对路径（etc/passwd）。此例中将在当前目录下先创建 etc 目录，然后在此目录下还原 yum.conf 文件。

【例 6-30】将 etc.tar.gz 文件中的所有文件还原到/tmp 目录。

```
[root@centos ~]# cd /tmp
```

```
[root@centos  tmp]# tar -xzf /root/etc.tar.gz
```

2. gzip 命令

格式：gzip　[选项]　文件|目录

功能：压缩/解压缩文件。无选项参数时执行压缩操作。压缩后产生扩展名为.gz 的压缩文件，并删除源文件。

主要选项说明：

-d　　　　解压缩文件，相当于使用 gunzip 命令
-r　　　　参数为目录时，按目录结构递归压缩目录中的所有文件
-v　　　　显示文件的压缩比例

【例 6-31】采用 gzip 格式压缩当前目录的所有文件。

```
[helen@centos  ~]$ ls
fsfile pfile
[helen@centos  ~]$ gzip  *
[helen@centos  ~]$ ls
fsfile.gz pfile.gz
```

gzip 命令没有归档功能。当压缩多个文件时将分别压缩每个文件使之成为.gz 压缩文件。

【例 6-32】解压缩.gz 文件。

```
[helen@centos  ~]$ gzip  -d  *
[helen@centos  ~]$ ls
fsfile pfile
```

3. bzip2 命令

格式：bzip2　[选项]　文件|目录

功能：压缩/解压缩文件。无选项参数时执行压缩操作。压缩后产生扩展名为.bz2 的压缩文件，并删除源文件。bzip2 命令也没有归档功能。

主要选项说明：

-d　　　　解压缩文件，相当于使用 bunzip2 命令
-v　　　　显示文件的压缩比例等信息

【例 6-33】压缩 fsfile 文件并显示压缩比例。

```
[helen@centos  ~]$ bzip2 -v  fsfile
fsfile: 2.644: 1,3.025 bits/byte, 62.18% saved. 706 in, 267  out.
[helen@centos  ~]$ ls
fsfile.bz2 pfile
```

【例 6-34】解压缩 fsfile.bz2 文件。

```
[helen@centos  ~]$ bzip2  *.bz2
[helen@centos  ~]$ ls
fsfile pfile
```

4. zip 命令

格式：zip　[选项] 压缩文件　文件列表

功能：将多个文件归档后压缩为 zip 文件。

主要选项说明：

-m　　　　压缩完成后删除源文件

```
-r          按目录结构递归压缩目录中的所有文件
```

【例 6-35】将当前目录下的所有文件压缩为 file.zip 文件。

```
[helen@centos ~]$ zip file.zip *
adding: fsfile (deflated 70%)
adding: pfile (deflated 61%)
[helen@centos ~]$ ls
file.zip fsfile pfile
```

zip 命令压缩文件过程中将显示每个文件的压缩比例，默认不删除源文件。

5. unzip 命令

格式：unzip ［选项］ 压缩文件

功能：解压缩扩展名为.zip 的压缩文件。

主要选项说明：

```
-l          查看压缩文件所包含的文件
-t          测试压缩文件是否已损坏
-d  目录名   指定解压缩的目标目录
-n (        不覆盖同名文件
-o          强制覆盖同名文件
```

【例 6-36】查看 file.zip 文件所包含的文件。

```
[helen@centos ~]$ unzip -l file.zip
Archive: file.zip
Length      Date         Time        Name
--------    ----------   --------    --------
706         05-13-2013   16:43       fsfile
1692        05-13-2013   16:42       pfile
--------                             - ---------
2398                                 2 files
```

【例 6-37】新建 file 目录，并将 file.zip 文件的内容解压缩到此目录。

```
[helen@centos ~]$ mkdir dir
[helen@centos ~]$ unzip -d dir file.zip
Archive: file.zip
inflating: dir/fsfile
inflating: dir/pfile
[helen@centos ~]$ ls dir
fsfile pfile
```

6.8　RPM 软件包管理

传统的 Linux 软件包多为.tar.gz 文件，必须经过解压缩和编译后才能进行安装和设置。这对于一般用户而言极为不便。因此，Red Hat 公司推出 RPM（Red Package Manager）软件包管理程序，大大简化软件包的安装。目前，RPM 已成为 Linux 公认的软件包标准。

典型的 RPM 软件包的文件名采用固定格式："软件名–版本号.硬件平台类型.rpm"。例如，

vsftpd-2.2.2-11.el6_4.1-i686.rpm，其中 vsftpd 表示软件的名称，即 Vsftpd 服务器程序，2.2.2-11.el6.4.1 表示软件的版本号，i686 表示此软件包适用于 Intel x86 硬件平台。

6.8.1　桌面环境下安装 RPM 软件包

在桌面环境下利用软件包安装程序安装 RPM 软件包。在文件浏览器中右击 rpm 软件包文件，弹出快捷菜单（见图 6-26），选择"用软件包安装程序打开"命令，弹出对话框（见图 6-27），确认安装后会检查软件包的依赖关系，再正式进行安装，如图 6-28 所示。

图 6-26　RPM 文件的快捷菜单

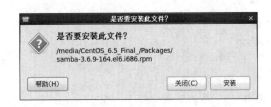

图 6-27　确认安装包

图 6-28　安装软件包

普通用户要求安装 RPM 软件包时会出现"授权"对话框，要求输入超级用户 root 的密码。

6.8.2　RPM 命令管理软件包

在桌面环境下只能对 RPM 软件包进行安装操作，而其他的操作必须依赖 RPM 命令才能实现。RPM 命令具备 RPM 软件安装、查询和删除等多项功能。

1. 安装 RPM 软件包

格式：`rpm -i[选项] 软件包文件`

功能：安装 RPM 软件包。

主要选项说明：

```
-v              显示安装过程
-h              以"#"符号表示安装进度
--replacepkgs   重复安装软件包
```

RPM 软件包正式安装前会检查软件包的依赖关系，若所依赖的软件包不存在，那么安装无法进行。除此以外，还会检查软件包的签名信息，若签名检测失败，安装也无法进行。

【例 6-38】安装 vsftpd 软件包。

```
[root@centos ~]# rpm -ivh vsftpd-2.2.2-11.el6_4.1.i686.rpm
Preparing...              ################################## [100%]
1:vsftpd                  ################################## [100%]
```

如果再次安装 vsftpd 软件包将显示 package vsftpd–2.2.2–11.el6_4.1.i686 is already installed（vsftpd–2.2.2 软件已安装）信息。如果强制系统再次安装此软件包，需要使用"–– replacepkgs"选项。

2. 查询 RPM 软件包

格式 1：`rpm -q[选项] 软件包`

主要选项说明：

-l   查询已安装软件包所包含的所有文件
-i   查询已安装软件包的详细信息

格式 2：`rpm -q[选项]`

主要选项说明：

-a   查询已安装的所有软件包
-f 文件名   查询指定文件所属的软件包

功能：查询软件包的相关信息。

【例 6-39】查询系统中是否已安装 vsftpd 软件包。

```
[root@centos ~]# rpm -qa |grep vsftpd
Vsftpd-2.2.2-11.el6_4.1.i686
```

【例 6-40】查询 vsftpd 软件包的详细信息。

```
[root@centos ~]# rpm -qi vsftpd
Name      : vsftpd              Relocation: (not relocatieable)
Version : 2.2.2                 Vendor: CentOS.
Release : 11.el6.4.1             Build Date: Fri 01 Mar 2013 06:15:53
Install Date:Tue 24 Dec 2013 12:26:04 AM CST   Build Host:c6b9.bsys.dev.
    centos.org
Group     : System Environment/Daemons   Source RPM:vsftpd-2.2.2-11.el6_4.1.src.rpm
Size      : 351932             License: GPLv2 With exception
Signature : RSA/SHAI, Fri 01 Mar 2013 06:21:13 PM CST, KEY ID 0946fca2c105b9de
Packager: CentOS BuildSystem. <http://bugs.centos.org>
URL       : http://vsftpd.beasts.org
Summary : Very Secure Ftp Daemon
Discription:vsftpd is a Very Secure FTP daemon.It was written completely from
    scratch.
```

3. 删除 RPM 软件包

格式：`rpm -e 软件包`

功能：删除 RPM 软件包。

软件包删除操作时，参数不能使用 RPM 软件包的完整文件名，只能使用软件名称或软件名称加上版本编号。如果将删除的软件包与其他已安装的软件包存在依赖关系，那么系统会显示提示信息并中止删除操作。

【例 6-41】删除 vsftpd 软件包。

```
[root@centos ~]# rpm -e vsftpd
[root@centos ~]# rpm -qi vsftpd
package vsftpd is not installed
```

6.9　YUM 在线软件包管理

YUM(Yellowdog Updater Modified)是 CentOS（包括 RHEL、Fedora）基于 RPM 包的软件管理技术。与 RPM 命令相比，YUM 的优势较为明显。YUM 能够自动解决软件包之间的依赖关系，能够一次性安装所有依赖的软件包，便于大型系统进行软件更新。

YUM 技术核心在于其软件源（Repository）技术。软件源可以是 HTTP，可以是 FTP 站点，也可以是本地站点。软件源收集并整理 RPM 软件包的头部信息，如软件包的功能描述、所包含文件、依赖性等，为软件包的自动更新、安装和删除提供基础。

YUM 的配置文件为/etc/yum.conf，可设定 YUM 的缓存目录（一般为/var/cache/yum）、日志文件（默认为/var/log/yum.log）以及容错级别等信息。

6.9.1　桌面环境下添加/删除软件包

1. 软件包类别与软件包集

为了方便分类管理，CentOS 6.5 将所有软件包按照功能特点分为 13 个类别，如 Applications（应用程序）和 Databases（数据库）等。每个类别中包括多个软件包集，每个软件包集又包括多个软件包。

CentOS 6.5 的软件包类别与软件包集的关系如下：

- Applications（应用程序）：Emacs、TeX 支持、互联网应用程序、互联网浏览器、办公套件和生产率、图形生成工具、科技写作。
- Base System（基本系统）：FCoE 存储客户端、Infiniband 支持、Java 平台、Perl 支持、Ruby 支持、iSCSI 存储客户端、主框架访问、兼容程序库、备份客户端、大系统性能、存储可用性工具、安全性工具、性能工具、打印客户端、拨号网络支持、控制台互联网工具、智能卡支持、目录客户端、硬件监控工具、科学计数法支持、继承 UNIX 兼容性、网络文件系统客户端、联网工具、调试工具。
- Databases（数据库）：MySQL 数据库客户端、MySQL 数据库服务器、PostergreSQL 数据库客户端、PostergreSQL 数据库服务器。
- Desktops（桌面）：KDE 桌面、X 窗口系统、图形管理工具、字体、桌面、桌面平台、桌面调试和运行工具、继承 X Windwos 系统的兼容性、输入法、远程桌面客户端、通用桌面。
- Development（开发）：Eclipse、开发工具、服务器平台开发、桌面平台开发、附加开发。
- High Availability（高可用性）：高可用性，高可用性管理。
- Languages（语言支持）：包括中文在内的多国语言支持。
- Load Balancer（负载平衡）：负载平衡器。
- Resilient Storage（弹性存储）：弹性存储。
- Servers（服务器）：CIFS 文件服务器、FTP 服务器、NFS 文件服务器、备份服务器、打印服务器、服务器平台、电子邮件服务器、目录服务器、系统管理工具、网络基础设施服务器、网络存储服务器、身份管理服务器。

- System Management（系统管理）：SNMP 支持、基于网页的企业级管理、短信客户端支持、系统管理。
- Virtualization（虚拟化）：虚拟化客户端、虚拟化平台。
- Web Services（Web 服务）：PHP 支持、TurboGear 应用程序框架、Web 服务器程序引擎、万维网服务器。

2. 查看软件包与软件包集

在桌面环境下依次选择"系统"→"管理"→"添加/删除软件"命令，打开"添加/删除软件"窗口。YUM 需要在线从软件源获取软件包的相关信息，因此操作过程中需要保持网络连接畅通。在搜索文本框中输入软件包的关键字，并单击"查找"按钮搜索所有的文件名包含关键字的软件包，如图 6-29 所示。软件包前复选框为选中状态，表示该软件包已安装。选中软件包后，屏幕右下方显示出该软件包的功能说明、来源、许可证以及文件大小等信息。通过"过滤"菜单可设置是否隐藏子软件包，是否仅显示已安装软件包，以及是否仅显示可用软件包等。

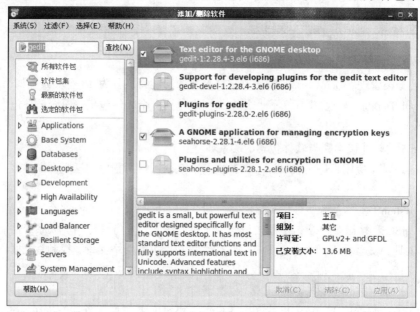

图 6-29　搜索软件包

单击左侧的"所有软件包"选项，查看系统的所有软件包，如图 6-30 所示。此时，软件包均来源于在线软件源。在联网状态下选择"系统"菜单中的"软件源"命令，可查看当前的软件源，如图 6-31 所示。

单击左侧的"软件包集"选项，查看系统的所有软件包集，如图 6-32 所示。软件包集前复选框为选中状态，表示该软件集中部分或全部软件包已安装。选中软件包集后，屏幕右下方显示出该软件包集的功能说明、类型、组别以及大小等信息。

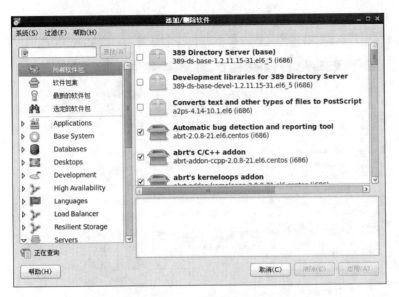

图 6-30 查看所有软件包

图 6-31 查看软件源

图 6-32 查看软件包集

在联网状态下单击左侧的"最新的软件包"选项，查看当前最新的软件包，还可以按照软件包类别，查看其中的软件包集及其各软件包集所包含的软件包，如图 6-33 所示。

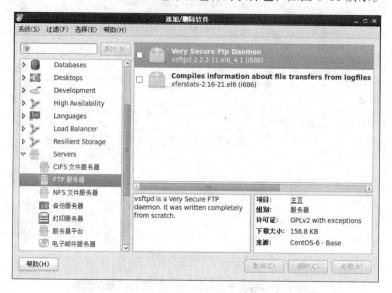

图 6-33　查看软件包集中的软件包

3．查看软件包的安装信息

选中软件包后，选择"选择"菜单中的 Get file list 命令，弹出如图 6-34 所示对话框，显示与此软件包相关的文件列表，选择"选择"菜单中的 Depends on 命令，弹出如图 6-35 所示对话框，显示此软件包需要依赖哪些软件包；而选择"选择"菜单中的 Required by 命令项将显示此软件包被哪些软件包需要。

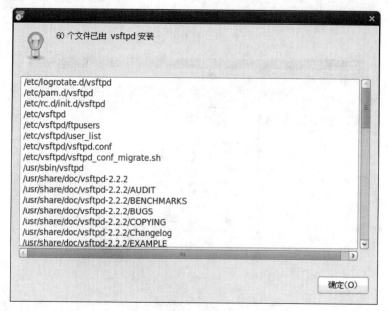

图 6-34　查看软件包安装的文件

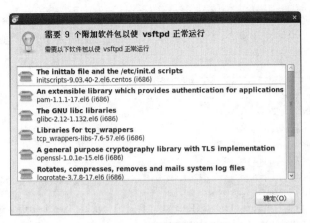

图 6-35　查看依赖软件包

4．安装与删除软件包

- 安装软件包：选中需安装软件包前的复选框，单击"应用"按钮，YUM 将自动连接到软件源，下载软件包。若当前用户为普通用户身份，则需进行授权操作，要求输入超级用户 root 的密码，并且可能需要确认是否信任软件包的来源，如图 6-36 所示。认可软件源后，系统根据所选软件包的依赖关系，下载相关软件包，并自动安装。
- 删除软件包：取消选中软件包前的复选框，单击"应用"按钮，将显示要删除的软件包名，如图 6-37 所示。如果指定软件包与其他软件包存在依赖关系，则可能会删除多个软件包。删除软件包同样需要具备超级用户的权限。

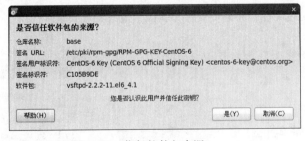

图 6-36　信任软件包来源

图 6-37　确认删除软件包

6.9.2　YUM 命令管理软件包

YUM 命令可实现在线管理 RPM 软件包和软件包集，具体包括 RPM 软件包的在线安装、查询和删除等功能。

1．安装软件包/软件包集

格式：`yum install 软件包名`

功能：安装 RPM 软件包。

格式：`yum groupinstall 软件包集名`

功能：安装 RPM 软件包集。

【例 6-42】安装 vsftpd 软件包。

```
[root@centos ~]# yum install vsftpd
```

YUM 首先与软件源进行连接，并自动选择传输速度最快的镜像网站，然后建立安装进程，分析软件包的依赖关系，说明将下载的文件大小和安装所需的空间大小，并询问是否开始安装。

显示如下信息：

```
Loaded plugins:fastestmirror.refresh-packagekit.security
Loading mirror speeds from cached hostfile
*base:mirror.esocc.com
*extras:mirror.esocc.com
*updates:mirror.idc.hinet.net
Settting up Install Process
Resolving Dependencies
-->Running transaction check
--->Package vsftpd.i686.0:2.2.2-11.el6_4.1 will be installed
--->Finished Dependency Resolution


Dependencies Resolved
==============================================================
Package         Arch        Version            Repository      Size
==============================================================
Installing:
vsftpd          i686        2.2.2-11.el6_4.1   @base           157K

Transaction Summary
==============================================================
Install         1 Package(s)

Total download size:157k
Installed size:344 k
Is this Ok(y/N):
```

输入"Y"后，开始从镜像网站下载安装文件，并进行安装和验证，最终完成安装。

```
Downloading Packages:
vsftpd-2.2.2-11.el6_4.1.i686.rpm            |157 KB          00:00
Running rpm_check_debug
Running Transaction Test
Transaction Test Succeeded
Running Transaction
  Installing : vsftpd-2.2.2-11.el6_4.1.i686                     1/1
  Verifying  : vsftpd-2.2.2-11.el6_4.1.i686                     1/1

Installed:
vsftpd-2.2.2-11.el6_4.1

Complete!
```

2. 查询软件包/软件包集信息

格式：yum info 软件包名

功能：查询 RPM 软件包信息。

格式：yum groupinfo 软件包集名

功能：查询 RPM 软件包集。

【例 6-43】查询 vsftpd 软件包的信息。

```
[root@centos ~]# yum info vsftpd
```

  YUM 同样先与软件源进行连接，然后显示 vsftpd 软件的版本信息、文件大小、安装状态、来源软件源、版权信息以及描述信息等。显示信息如下：

```
Loaded plugins:fastestmirror.refresh-packagekit.security
Loading mirror speeds from cached hostfile
*base:mirror.163.com
*extras:mirror.163.com
*updates:mirror01.idc.hinet.net
Intalled Packages
Name           :vsftpd
Arch           :i686
Version        :2.2.2
Release        :11.el6_4.1
Size           :344 k
Repo           :installed
From repo      :base
Summary        :Very Secure Ftp Daemon
URL            :http://vsftpd.beasts.org
License        :GPLv2 with exception
Description    :vsftpd is a Very Secure FTP daemon.It was written completely
               :from scratch.
```

【例 6-44】查询 Web Server 软件包集的信息。

```
[root@centos  ~]# yum groupinfo "Web Server"
```

  YUM 先与软件源进行连接，然后显示 Web Server 软件包集中必须安装的 RPM 软件包是 httpd，默认安装的软件包包括 crypto-utils 等 6 个软件包，而可选安装的软件包包括 certmonger 等多个。显示信息如下：

```
Loaded plugins:fastestmirror.refresh-packagekit.security
Settting up Group Process
Loading mirror speeds from cached hostfile
*base:mirror.esocc.com
*extras:mirror.esocc.com
*updates:mirror.idc.hinet.net

Group:Web Server
Description:Allows the system to act as a web server,and run Perl and Python
web applications.
Mandatory Packages:
   httpd
Default packages:
   crypto-utils
   httpd-manual
   mod_perl
   mod_ssl
   mod_wsgi
   webalizer
Optional Packages:
   certmonger
   libmemcached
   mod_auth_kerb
   mod_auth_mysql
   mod_auth_pgsql
   mod_authz_ldap
```

```
    mod_nss
    mod_revocator
    perl_CGI
    perl_CGI-Session
    perl_Cache-Memcached
    python-memcached
    squid
```

3. 删除软件包/软件包集

格式：yum remove 软件包名

功能：删除 RPM 软件包。

格式：yum groupremove 软件包集名

功能：删除 RPM 软件包集。

【例 6-45】删除 vsftpd 软件包。

```
[root@centos ~]# yum remove vsftpd
```

YUM 删除软件包时不需要与软件源进行连接，而是首先进行依赖关系检查，分析该软件包删除将影响到哪些软件包，确认被删除软件包占据的磁盘空间大小，并询问是否正式开始删除。显示信息如下：

```
Loaded plugins:fastestmirror.refresh-packagekit.security
Settting up Remove Process
Resolving Dependencies
-->Running transaction check
--->Package vsftpd.i686.0:2.2.2-11.el6_4.1 will be erased
--->Finished Dependency Resolution


Dependencies Resolved
Package          Arch          Version              Repository        Size
Removing:
vsftpd           i686          2.2.2-11.el6_4.1     @base             344K


Transaction Summary
Remove          1 Package(s)


Installed size:344 k
Is this Ok(y/N):
```

输入"Y"后，正式开始软件包的删除工作，显示如下信息：

```
Downloading Packages:
Running rpm_check_debug
Running Transaction Test
Transaction Test Succeeded
Running Transaction
Erasing : vsftpd-2.2.2-11.el6_4.1.i686                              1/1
Verifying : vsftpd-2.2.2-11.el6_4.1.i686                            1/1

Removed:
vsftpd-2.2.2-11.el6_4.1

Complete!
```

小　结

Linux 中存放程序和数据的磁盘分区通常采用 ext4 文件系统，而实现虚拟存储的 swap 分区一定采用 swap 文件系统。Linux 基于虚拟文件系统技术可支持多种文件系统，其中包括 Windows 的常用文件系统。

根据/etc/fstab 文件的默认设置，硬盘上的各文件系统（分区）在 Linux 启动时自动挂载到指定的目录，并在关机时自动卸载。移动存储介质既可在启动时自动挂载，也可在需要时进行手动挂载/卸载。

Linux 可实现用户级和组群级的文件系统配额管理，aquota.user 文件保留用户级配额的内容，aquota.group 文件保留组群级配额的内容。指定分区可以只采用用户级或组群级配额管理，也可以同时采用用户级和组群级配额管理。配额还分为软配额和硬配额。系统允许用户在过渡期间超过软配额，但绝对禁止超过硬配额。

Linux 将文件分成四大类型：普通文件、目录文件、链接文件和设备文件。Linux 文件名可使用除"/"以外的所有字符，严格区分大小写字母。Linux 文件可以没有扩展名，但数据文件的扩展名与文件类型存在关联性。

Linux 文件权限取决于文件的所有者、文件所属组群，以及文件所有者、同组用户和其他用户各自的访问权限。访问权限又可分为读取权限、写入权限和执行权限。访问权限可使用字母来表示，也可以使用数字来表示。

无论是在桌面环境下还是在字符界面使用 Shell 命令，都能进行磁盘挂载与卸载，能够管理目录和文件，可实现文件归档与压缩，可添加与删除软件包。

习　题

一、选择题

1. 下列哪个文件保存当前已挂载文件系统的信息？　　　　　　　　　　　　　　（　　）

 A. /etc/inittab   B. /etc/profile   C. /etc/mtab   D. /etc/fstab

2. /etc/fstab 文件中某行信息如下所示，其中哪列表示挂载点？

 /dev/sda1 /boot ext4 defaults 1　2   （　　）

 A. 4   B. 5   C. 3   D. 2

3. 关于文件系统的挂载和卸载，以下哪种说法正确？　　　　　　　　　　　　　（　　）

 A. 启动时系统按照/etc/fstab 文件的内容加载文件系统

 B. 挂载 U 盘时只能将其挂载到/media 目录

 C. /etc/fstab 与/etc/mtab 文件内容总是相同

 D. mount –t iso9660 /dev/cdrom /cdrom 命令中/cdrom 目录会自动生成

4. 当目录作为挂载点使用后，该目录上的原文件会怎样？　　　　　　　　　　　（　　）

 A. 被永久删除   B. 被隐藏，待设备卸载后恢复

 C. 被放入回收站   D. 被隐藏，待计算机重启后恢复

5. 以下哪种方法能够卸载光盘？　　　　　　　　　　　　　　　　　　（　　）

    A. umount　/dev/cdrom　　　　　　　　B. dismount /dev/cdrom

    C. mount –u　/dev/cdrom　　　　　　　D. 从/etc/fstab 文件中删除该文件系统项

6. quotacheck 命令有何功能？　　　　　　　　　　　　　　　　　　　（　　）

    A. 检查启用配额的文件系统，并可创建配额管理文件

    B. 创建启用配额的文件系统，并可创建配额管理文件

    C. 修改启用配额的文件系统，并可创建配额管理文件

    D. 删除启用配额的文件系统，并可创建配额管理文件

7. 怎样设置配额管理的过渡期？　　　　　　　　　　　　　　　　　　（　　）

    A. quotaon　　　B. repquota –u　　　C. quota –t　　　D. edquota –t

8. Linux 的文件名中不宜采用空格、"/" 等符号，其中"."也不宜作为普通文件名的首字符，为什么？　　　　　　　　　　　　　　　　　　　　　　　　　　　　　　（　　）

    A. 只有超级用户的文件名才能以"."为首字符

    B. 以"."为首字符的文件是隐藏文件

    C. 只有目录才能以"."为首字符

    D. 以"."为首字符的文件是设备文件

9. 以下哪个目录默认存放系统配置文件？　　　　　　　　　　　　　　（　　）

    A. /etc　　　　　B. /root　　　　　　C. /home　　　　　D. /lib

10. 设置文件权限，要求文件所有者具有读/写执行权限，其他用户只有执行权限，则应当设置为什么数值？　　　　　　　　　　　　　　　　　　　　　　　　　　　（　　）

    A. 722　　　　　B. 711　　　　　　C. 744　　　　　　D. 644

11. 文件 exer1 的访问权限为 rw–r––r––，现要增加所有用户的执行权限和同组用户的写权限，以下哪个命令正确？　　　　　　　　　　　　　　　　　　　　　　　（　　）

    A. chmod a+x,g+w exer1　　　　　　　B. chmod 765 exer1

    C. chmod o+x exer1　　　　　　　　　D. chmod g+w exer1

12. 某文件属性表示为 lrw–r–x–wx，以下哪种说法正确？　　　　　　　（　　）

    A. 文件所有者可执行　　　　　　　　　B. 同组用户可写

    C. 其他用户可读　　　　　　　　　　　D. 是个链接文件

13. 以下哪个命令能修改文件的所有者？　　　　　　　　　　　　　　（　　）

    A. chgrp　　　　　B. chown　　　　　C. chmod　　　　　D. chright

14. 以下哪个命令能删除非空子目录/tmp？　　　　　　　　　　　　　（　　）

    A. del /tmp/　　　B. rm –af /tmp　　　C. rmdir –ra /tmp/　　D. rm –rf /tmp/*

15. 使用 mkdir 命令创建新的目录时，使用哪个参数能够在父目录不存在的情况时先创建父目录？　　　　　　　　　　　　　　　　　　　　　　　　　　　　　　（　　）

    A. –m　　　　　　B. –d　　　　　　　C. –f　　　　　　　D. –p

16. find 命令可查找文件，以下哪个命令的格式错误？　　　　　　　　（　　）

    A. find –name "myfile"　　　　　　　　B. find –size 100k

    C. find /home –name "myfile"　　　　　D. find –type myfile

17. 以下哪个命令能获取当前目录的用量信息？　　　　　　　　　　　　　　（　　　）

    A. df –sa　　　　　　　　B. du / –h　　　　　　　C. du . –sh　　　　　　　D. df . –ah

18. 以下哪个命令能显示文件中所有以 "#" 开头的行？　　　　　　　　　　（　　　）

    A. find "\#" file　　　　　　　　　　　　　B. wc –l "#" <file

    C. grep –n "#" file　　　　　　　　　　　　D. grep –v "#" file

19. 使用命令 ln –s old.txt new.txt 后，删除 old.txt 文件，再执行 cat new.txt 命令能否查看到文件内容？　　　　　　　　　　　　　　　　　　　　　　　　　　　（　　　）

    A. 不能　　　　　　　　　　　　　　　　B. 能否查看取决于 file2 的访问权限

    C. 能否查看取决于 file2 的文件所有者　　　D. 能够

20. 以下哪个命令不能自动产生文件扩展名？　　　　　　　　　　　　　　　（　　　）

    A. gzip　　　　　　　　　　B. tar　　　　　　　　　C. bzip2　　　　　　　　D. compr

21. 有关归档和压缩命令，以下哪种描述正确？　　　　　　　　　　　　　　（　　　）

    A. gzip 命令可解压缩由 zip 命令生成的扩展名为.zip 的压缩文件

    B. unzip 命令和 gzip 命令可以解压缩相同类型的文件

    C. tar 归档且压缩的文件可以由 gzip 命令解压缩

    D. tar 命令归档后的文件也是一种压缩文件

22. 将当前目录下的归档文件 myftp.tar.gz 解压缩到/tmp 目录，可以使用以下哪个命令？（　　　）

    A. tar –xvzf myftp.tar.gz –C /tmp　　　　　B. tar –xvzf myftp.tar.gz –R /tmp

    C. tar –vzf myftp.tar.gz –X /tmp　　　　　D. tar –xvzf myftp.tar.gz /tmp

23. 如需查询/etc/inittab 文件是哪个软件包安装产生的，可以执行下列哪个命令？（　　　）

    A. rpm –q /etc/inittab　　　　　　　　　B. rpm –requires /etc/inittab

    C. rpm –qf /etc/inittab　　　　　　　　　D. rpm –q | grep /etc/inittab

24. 以下哪个命令将安装 vsftpd 软件？　　　　　　　　　　　　　　　　（　　　）

    A. yum groupinstall vsftpd　　　　　　　B. yum install vsftpd

    C. rpm install vsftpd　　　　　　　　　　D. rpm –e vsftpd

25. 以下哪个命令能查询到基本系统（Base System）软件包集包含的软件包信息？（　　　）

    A. rpm –qf　Base System　　　　　　　　B. rpm –ql　"Base System"

    C. yum groupinfo　"Base System"　　　　D. yum info　"Base System"

二、思考题

1. 现有 FAT32 文件系统的 U 盘（U 盘使用/dev/sda1 接口），要求在此 U 盘上新建 mydir 目录，并在此目录下新建 myfile 文件，内容任意，再将该文件复制到/root 目录下，最后安全取出 U 盘。写出相关的命令行。

2. 在/home/user 中新建文件 f1 和 f2，f1 的内容是/root 目录的详细信息，f2 的内容是/root 所在磁盘分区的信息，最后将两个文件合并生成文件 f3。写出相关的命令行。

3. 新建目录/tmpdir，在此目录下新建文件 tmpfile；修改该文件的所有者为 jack（jack 用户已存在），复制该文件到/tmp 目录且改名为 file。写出相关的命令行。

第 7 章　进程管理与系统监视

本章首先介绍进程和作业的基本概念，然后介绍进程和作业的启动方式和管理方法，还特别介绍了 at 调度和 cron 调度的设置方法，最后介绍系统监视和系统日志管理。

本章要点

- 进程与作业管理；
- 系统监视；
- 系统日志管理。

7.1　进程与作业管理

7.1.1　进程与作业

1. 进程

进程是具有独立功能的程序的一次运行过程，也是系统进行资源分配和调度的基本单位。Linux 创建新进程时都会为其指定一个唯一的号码，即进程号（PID），并以此区别不同的进程。

进程不是程序，但由程序产生。进程与程序的区别在于：程序是一系列指令的集合，是静态的概念；而进程则是程序的一次运行过程，是动态的概念。程序可以长期保存；而进程只能暂时存在，动态地产生、变化和消亡。进程与程序并不一一对应，一个程序可启动多个进程；一个进程可调用多个程序。

2. 作业

正在执行的一个或多个相关进程可形成一个作业。使用管道命令和重定向命令，一个作业可启动多个进程。例如，cat sample.text | grep High | wc –l 作业就同时启动 cat、grep 和 wc 三个进程。

根据作业运行方式的不同，可将作业分为两大类：

- 前台作业：运行于前台，用户正对其进行交互操作。
- 后台作业：运行于后台，不接收终端的输入，但向终端输出执行结果。

作业既可以在前台运行也可以在后台运行，但在同一时刻，每个虚拟终端只能有一个前台作业。

3．进程的状态

Linux 中进程具有以下基本状态：

- 就绪状态：进程已获得除 CPU 以外的运行所需的全部资源。
- 运行状态：进程占用 CPU 正在运行。
- 等待状态：进程正在等待某一事件或某一资源。

除了以上 3 种基本状态以外，Linux 还描述进程的以下状态：

- 挂起状态：正在运行的进程，因为某个原因失去 CPU 而暂时停止运行。
- 终止状态：进程已结束。
- 休眠状态：进程主动暂时停止运行。
- 僵死状态：进程已停止运行，但是相关控制信息仍保留。

4．进程的优先级

Linux 中所有进程根据其所处状态，按照时间顺序排列形成不同的队列。系统按一定的策略进行调度就绪队列中的进程。若用户因为某种原因希望尽快完成某个进程，可通过修改进程的优先级来改变其在队列中的排列顺序，从而尽快得以运行。

进程优先级的取值范围为–20～19 之间的整数，取值越低，优先级越高，默认为 0。进程所有者或超级用户有权修改进程的优先级，普通用户只能调低优先级，而超级用户既可以调低也可以调高优先级。

7.1.2　启动进程与作业

1．进程与作业的启动方式

启动进程与作业的方式可分为手动启动和调度启动两种。

- 手动启动是指由用户输入 Shell 命令后直接启动进程，又可分前台启动和后台启动。用户输入 Shell 命令行后按【Enter】键就启动了一个前台作业。这个作业可能同时启动了多个前台进程。而在 Shell 命令行的末尾加上 "&" 符号，再按【Enter】键，就将启动一个后台作业。
- 调度启动是系统按用户要求的时间或方式执行特定的进程，可分为 at 调度、batch 调度和 cron 调度。

2．作业的前后台切换

利用 bg 命令和 fg 命令可实现前台作业和后台作业之间的相互转换。将正在运行的前台作业切换到后台，功能上与在 Shell 命令行的末尾加上 "&" 符号相似。

（1）bg 命令

格式：bg　[作业号]

功能：将前台作业切换到后台运行。若未指定作业号，则将当前作业切换到后台。

【例 7-1】使用 vi 编辑 f1 文件，然后使用【Ctrl+Z】组合键挂起 vi，再将其切换到后台。

```
[helen@centos ~]$ vi  f1
…
[1]+  Stopped  vi f1
[helen@centos helen]$ bg 1
[1]+  vi  f1 &
```

（2）fg命令

格式：fg　［作业号］

功能：将后台作业切换到前台运行。若未指定作业号，则将后台作业序列中的第一个作业切换到前台运行。

【例7-2】将例7-1中的作业号为1的作业切换到前台继续编辑。

```
[helen@centos ~]$ fg  1
```

7.1.3　桌面环境下管理进程与作业

1．查看进程

在桌面环境下依次选择"应用程序"→"系统工具"→"系统监视器"命令，打开"系统监视器"窗口。"系统"选项卡显示系统基本软硬件的基本信息，如图 7-1 所示。单击"进程"选项卡中默认显示当前所有进程的相关信息，且默认按照进程名排列，如图 7-2 所示。

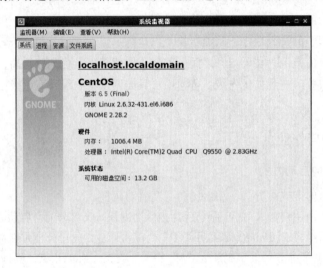

图 7-1　"系统"选项卡

图 7-2　"进程"选项卡

此时，默认显示的进程属性信息包括：进程名、状态、%CPU（进程占用 CPU 的比率）、Nice（优先级值）、ID（进程号）和内存（进程占用内存的大小）等。用户可自行设置需要显示的属性信息，选择"编辑"菜单中的"首选项"命令，弹出"系统监视器首选项"对话框，在"进程"选项卡的"信息域"列表框中选中指定的信息项即可，还可设置进程信息的更新间隔，以及当结束、杀死或隐藏进程时是否出现警告对话框，如图 7-3 所示。

在"查看"菜单中可选择查看所有进程、活动的进程或者当前用户的进程；可显示进程之间的相互依赖关系；还能显示进程的内存映像信息。

2. 管理进程

从"系统监视器"窗口选中指定进程，通过"编辑"菜单可改变进程的运行状态，包括停止进程、继续进程、结束进程和杀死进程等，还能改变进程的优先级，如图 7-4 所示。

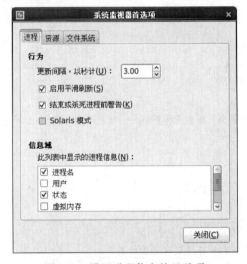

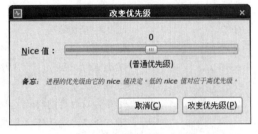

图 7-3　设置进程信息的显示项　　　　　　　图 7-4　改变进程优先级

7.1.4　管理进程与作业的 Shell 命令

1. jobs 命令

格式：`jobs [选项]`

功能：显示当前所有的作业。

主要选项说明：

`-p`　　　仅显示进程号

`-l`　　　显示进程号和作业号

【例 7-3】显示所有的作业及其进程号。

```
[helen@centos ~]$ jobs -l
[1]-  2398 stopped            vi  f1
[2]+  2484 stopped            find  /  -name init
```

显示信息的第一列表示作业号，第二列表示进程号，第三列表示作业的工作状态，第四列表示产生该作业的 Shell 命令行。

2. ps 命令

格式：ps ［选项］

功能：显示进程的状态。无选项时显示当前用户在当前终端启动的进程。

主要选项说明：

-a	显示当前终端上所有的进程
-A	显示系统所有进程，包括其他用户进程和系统进程信息
-l	显示进程的详细信息，包括父进程号、进程优先级等
u	显示包括进程的所有者在内的详细信息
x	显示后台进程的信息
-t 终端号	显示指定终端上的进程信息

【例 7-4】使用"-l"选项显示当前进程的详细信息。

```
[helen@centos ~]$ ps -l
F S UID  PID  PPID C PRI NI ADDR  SZ WCHAN  TTY   TIME     CMD
0 S 500  2366 2364 0 76  0  -    1450 wait4  tty1 00:00:00 bash
0 T 500  2398 2366 0 81  0  -    1373 finish tty1 00:00:00 vi
0 T 500  2484 2366 0 80  0  -    1267 finish tty1 00:00:00 find
0 R 500  2575 2366 0 81  0  -     819 -      tty1 00:00:00 ps
```

主要输出项说明：

S	进程状态，其中 R 表示运行状态；S 表示休眠状态；T 表示暂停或终止状态；Z 表示僵死状态
UID	进程所有者的用户 ID
PID	进程号
PPID	父进程的进程号
NI	进程的优先级值
SZ	进程占用内存空间的大小，以 KB 为单位
TTY	进程所在终端的终端号，其中桌面环境的终端窗口表示为 pts/0，字符界面的终端号为 tty1~tyy6
TIME	进程已运行的时间。
CMD	启动该进程的 Shell 命令

【例 7-5】使用"u"选项显示当前进程的详细信息。

```
[helen@centos ~]$ ps u
USER   PID  %CPU %MEM VSZ  RSS  TTY  STAT START TIME COMMAND
helen  2366 0.0  0.9  5800 1452 tty1 S    04:30 0:00 bash
helen  2398 0.0  0.6  5492 1040 tty1 T    04:30 0:00 vi  f1
helen  2484 0.0  0.5  5068 852  tty1 T    04:33 0:00 find/-name init
helen  2576 0.0  0.4  2728 716  tty1 R    04:35 0:00 ps -u
```

主要输出项说明：

%CPU	CPU 的使用率
%MEM	内存的使用率
VSZ	进程占用虚拟内存的大小
STAT	进程的状态
START	进程的开始时间

3. pstree 命令

格式：pstree ［选项］

功能：以树形图显示进程之间的相互关系。

主要选项说明：

```
-a          显示启动进程的命令行
-n          按照进程号进行排序
```

【例 7-6】以树形图显示当前系统进程。

```
[root@centos ~]$pstree
init-+-NetworkManager
     |-abrtd
     |-acpid
     |-atd
     |-auditd---{auditd}
     |-automount---4*[{automount}]
     |-bonobo-activati---{bonobo-activat}]
     |-certmonger
     |-console-kit-dae---63*[{console-kit-dat}]
     |-crond
     |-cupsd
     |-2*[dbus-daemon---{dbus-daemon}]
     |-dbus-launch
     |-devkit-power-da
     |-gconfd-2
     |-gdm-binary---gdm-simple-slav-+-Xorg
     |                              |-gdm-session-wor
     |                              |-gdm-session-+-at-spi-registry
     |                                            |-gdm-simple-gree
     |                                            |-gnome-power-man
```

（略）

系统启动过程中最先执行 init 进程，其进程号为 0；然后再启动其他子进程，如 NetworkManager、abrtd 等，进而再启动其他子进程，构成进程树形结构。

4．kill 命令

格式 1：kill　[选项]　进程号

格式 2：kill　%　作业号

功能：终止正在运行的进程或作业。超级用户可终止所有的进程，普通用户只能终止自己启动的进程。

主要选项说明：

```
-9                    强行终止进程
```

【例 7-7】某进程的进程号为 2683，强制终止此进程。

```
[helen@centos ~]$ kill -9 2683
[helen@centos ~]$
```

7.1.5　进程调度

Linux 允许用户根据需要在指定的时间自动运行指定的进程，也允许用户将非常消耗资源和时间的进程安排到系统比较空闲的时间来执行。进程调度有利于提高资源的利用率，均衡系统负载，并提高系统管理的自动化程度。用户可采用以下方法实现进程调度：

- 对于偶尔运行的进程采用 at 或 batch 调度。
- 对于特定时间重复运行的进程采用 cron 调度。

1. at 调度

格式：`at　[选项]　[时间]`

功能：设置与管理 at 调度。

主要选项说明：

`-l`　　　　　　　　显示等待执行的调度作业

`-d 调度号`　　　　删除指定的调度作业

进程的执行时间可采用以下方法表示。

（1）绝对计时法

HH:MM：指定具体的时间，默认采用 24 小时计时制。若采用 12 小时计时制，则时间后面需加上 AM（上午）或 PM（下午）。

MMDDYY、MM/DD/YY、DD.MM.YY：指定具体的日期，必须写在具体时间之后。年份可用两位数字表示，也可用四位数字表示。

（2）相对计时法

now+时间间隔：时间单位为 minutes（分钟）、hours（小时）、days（天）、weeks（星期）。

（3）直接计时法

today（今天）、tomorrow（明天）、midnight（深夜）、noon（中午）、teatime（下午 4 点）。

【例 7-8】设置 at 调度，要求在 2014 年 12 月 31 日 23 时 59 分向登录在系统上的所有用户发送 Happy New Year 信息。

```
[helen@centos ~]$ at  23:59  12312014
at>wall Happy New Year!
at> <EOT>
job 1 at 2014-12-31 23:59
```

输入 at 命令后出现"at>"提示符，等待用户输入将执行的命令。输入完成后按【Ctrl+D】组合键结束，屏幕将显示该 at 调度的执行时间。

【例 7-9】查看 at 调度。

```
[helen@centos ~]$ at -l
2014-12-31 23:59 a helen
```

普通用户只能查看自己的 at 调度，超级用户能够查看系统中所有 at 调度。由此可知，helen 用户当前有一项 at 调度，将于 2014 年 12 月 31 日执行，调度号为 1。

【例 7-10】删除 at 调度。

```
[helen@centos ~]$ at -d 1
[helen@centos ~]$ at -l
[helen@centos ~]$
```

2. batch 调度

格式：`batch`

功能：batch 调度将在系统较空闲时运行，适合于时间上要求不高，但运行时占用系统资源较多的工作。输入 batch 还是出现 "at>" 提示符，等待用户输入将执行的命令。输入完成后按【Ctrl+D】组合键结束。

3. cron 调度

at 调度和 batch 调度中指定的命令只能执行一次。但在实际的系统管理工作中有些任务需要在指定的日期和时间重复执行，例如每天例行的数据备份。cron 调度正可以满足这种需求。cron 调度与 crond 进程、crontab 命令和 crontab 配置文件有关。

（1）crontab 配置文件

crontab 配置文件保存于/var/spool/cron 目录中，其文件名与用户名相同。也就是说，helen 用户的 crontab 配置文件为/var/spool/cron/helen。

crontab 配置文件保留 cron 调度的内容，每行表示一个调度任务。每个调度任务包括六项字段，从左到右依次为分钟、小时、日期、月份、星期和命令，如表 7-1 所示。

表 7-1　crontab 文件的格式

字　段	分　钟	时	日　期	月　份	星　期	命　令
取值范围	0～59	0～23	01～31	01～12	0～6，0 为星期天	

所有的字段不能为空，字段之间用空格分开，如不指定字段内容，则使用 "*" 符号。其他可使用的符号还包括：

- "–" 符号：表示一段时间。例如，日期栏中输入 "1–5"，表示每个月的 1～5 日每天执行。
- "," 符号：表示指定的时间。例如，日期栏中输入 "5,15,25"，表示每个月的 5 日、15 日和 25 日执行。
- "/" 符号：表示时间的间隔。例如，日期栏中输入 "*/3"，表示每隔 3 天执行。

如果命令行未进行输出重定向，那么系统会将执行结果以邮件的方式发送给 crontab 文件的所有者。

（2）crontab 命令

格式：crontab　[选项]

功能：管理 crontab 配置文件。

主要选项说明：

```
-e    创建并编辑 crontab 配置文件
-l    显示 crontab 配置文件的内容
-r    删除 crontab 配置文件
```

（3）crond 进程

crond 进程在系统启动时自动启动，并一直运行于后台。crond 进程负责检测 crontab 配置文件，并按照其设置内容，定期重复执行指定的 cron 调度工作。

【例 7-11】helen 用户设置 cron 调度，要求每周五的 17 时 00 分将/home/helen/data 目录中的所有文件归档并压缩为/backup 目录中的 helen–data.tar.gz 文件。

```
[helen@centos ~]$ crontab -e
```

输入 crontab　–e 命令后，自动启动 vi 文本编辑器，输入以下配置内容后保存退出。

```
00 17 * * 5 tar -czf /backup/helen-data.tar.gz /home/helen/data
```

~
~

系统将根据设置的时间执行指定的命令，并将运行时的输出结果以内部邮件的形式返回给用户。

【例 7-12】helen 用户查看 cron 调度的内容。

```
[helen@centos ~]$ crontab -l
00 17 * * 5  tar -czf  /backup/helen-data.tar.gz  /home/helen/data
```

【例 7-13】helen 用户删除 cron 调度。

```
[helen@centos ~]$ crontab -r
[helen@ centos ~]$ crontab -l
no crontab for helen
```

7.2 系 统 监 视

7.2.1 桌面环境下监视系统

在桌面环境下依次选择"系统"→"管理"→"系统监视器"命令，打开"系统监视器"窗口。"资源"选项卡显示 CPU、内存、交换历史以及网络的实时监视信息，如图 7-5 所示。

选择"编辑"菜单中的"首选项"命令，弹出"系统监视器首选项"对话框，选择"资源"选项卡，可设置资源监视信息的更新间隔等，如图 7-6 所示。

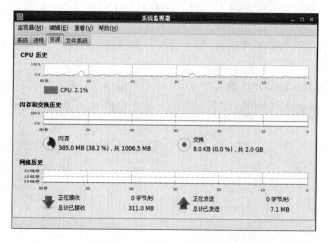

图 7-5　"资源"选项卡

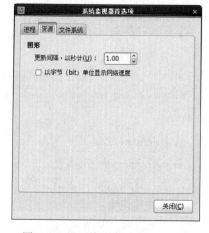

图 7-6　设置资源信息的更新间隔

在"系统监视器"窗口中选择"文件系统"选项卡，可对文件系统进行实时监视，如图 7-7 所示。

如需显示全部文件系统的使用情况，可选择"编辑"菜单中的"首选项"命令，弹出"系统监视器首选项"对话框，选择"文件系统"选项卡，选中"显示全部文件系统"复选框即可。在此选项卡还可设置文件系统监视信息的更新间隔以及显示信息项，如图 7-8 所示。

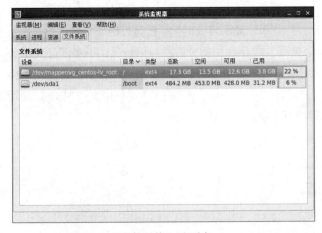

图 7-7　"文件系统"选项卡

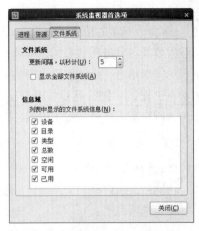

图 7-8　设置文件系统信息

7.2.2　实施系统监视的 Shell 命令

1．who 命令

格式：who　[选项]

功能：查看当前已登录的所有用户。

主要选项说明：

-H　显示出信息标题行。

【例 7-14】当前所有用户的详细信息。

```
[root@centos ~]# who -H
NAME      LINE      TIME                  COMMENT
root      tty1      2013-05-25  08:25
lucy      tty2      2013-05-25  08:36
```

其中 LINE 显示用户登录的终端号，TIME 显示用户登录的时间。

2．top 命令

格式：top　[-d　秒数]

功能：动态显示 CPU 利用率、内存利用率和进程状态等相关信息，是目前使用最广泛的实时系统性能监视程序。默认每 5s 更新显示信息，而"-d　秒数"选项可指定更新间隔。

【例 7-15】动态监视系统性能，每 10s 刷新一次，部分内容显示如下：

```
[root@centos ~]# top -d 10
top-04:23:04  up 2:00, 3 users, load average: 0.17, 0.33, 0.33
Tasks:62 total, 1 running, 60 sleeping,1 stopped,0 zombie
Cpu(s): 0.0%us,5.0%sy,0.0%ni,96.2%id,0.0%wa,0.1%hi,0.0%si,0.0%st
Mem:    157976k total,  155292k used,   2684k free,    3804k buffers
Swap:   200804k total,   14756k used,  186048k free   78280k cached

PID    USER   PR NI  VIRT   RES   SHR  S %CPU %MEM TIME     COMMAD
2842   root   20 0   32460  12m   3688 S  5.3  8.2  0:50.56 Xorg
10594  helen  20 0   13044  11m   7580 S  1.5  7.6         0:08.12
gone-system-mo
10802  helen  20 0   10200  9m   6724 R 0.3  6.5  0:04.58 top
```

```
1       root 120  0  500    500 452  S 0.0  0.3  0:05.37 init
```

top 命令显示的信息可分为上下两部分，上半部分显示当前时间、已运行时间，用户数；显示总进程数及各种进程状态的进程数；还显示进程、内存和交换分区的使用情况。下半部分显示各进程的详细信息，默认按照进程的 CPU 使用率排列所有的进程。按【M】键将按照内存使用率排列所有进程，按【T】键将按照进程的执行时间排列所有进程，而按【P】键将恢复按照 CPU 使用率排列所有进程。最后按【Ctrl+C】组合键或者【Q】键结束 top 命令。

3. free 命令

格式：free [选项]

功能：显示内存和交换分区的使用情况。

主要选项说明：

-m   以 MB 为单位显示，默认以 KB 为单位
-t   增加显示内存和交换分区的总和信息

【例 7-16】显示内存、缓存和交换分区的使用情况。

```
[root@centos ~]# free -m
            total    used    free   shared  buffers  cached
Mem:        1006     434     571      0       72      164
-/+ buffers/cache:   197     808
Swap:       2015      0      2015
```

由以上信息可知，内存共有 1 006 MB，其中已使用 434 MB，还有 571 MB 空闲。交换分区共有 2 015 MB，其中已使用 0 MB，还有 2 015 MB 空闲。

7.3 系统日志管理

系统日志记录系统运行的详细信息。系统管理员查看系统日志，可以了解到系统的运行状态，并有助于解决系统运行中出现的相关问题。系统日志文件均保存于/var/log 目录中，包括以下重要的日志文件。

boot.log   记录系统引导的相关信息
cron   记录 cron 调度的执行情况
dmesg   记录内核启动时的信息，主要包括硬件和文件系统的启动信息
Xorg.0.log   记录图形化用户界面的 Xorg 服务器的相关信息
yum.log   记录 yum 在线更新的相关信息

小　结

进程是 Linux 系统资源分配和调度的基本单位。每个进程都具有进程号（PID），并以此区别不同的进程。正在执行的一个或多个相关进程可形成一个作业。作业既可以在前台运行，也可以在后台运行，但在同一时刻，每个用户只能有一个前台作业。

Linux 中进程优先级的取值范围为–20～19 之间的整数，取值越低，优先级越高，默认为 0。进程所有者或超级用户可以修改进程的优先级，但普通用户只能调低优先级，而超级用户既可以调低优先级也可以调高优先级。

用户既可以手动启动进程与作业，也可以调度启动进程和作业。at 调度和 batch 调度均只执

行一次，不同之处在于：at 调度在指定的时间执行；batch 调度在系统较为空闲的时候执行。cron 调度能够周期性地执行多次。cron 调度与 crond 进程、crontab 命令和 crontab 配置文件有关，其中用户 crontab 配置文件保存于/var/spool/cron 目录中，其文件名与用户名相同。

　　无论是在桌面环境下还是在字符界面使用 Shell 命令，都能管理进程与作业，监视系统 CPU、内存、交换分区和文件系统的使用情况。

　　系统日志记录系统运行的详细信息，均保存于/var/log 目录中。

习　　题

一、选择题

1. 关于进程和作业，以下哪种说法错误？　　　　　　　　　　　　　　　　（　　）
   A. 一个进程可以是一个作业　　　　　　　B. 一个作业可以是一个进程
   C. 多个进程可以是一个作业　　　　　　　D. 多个作业可以是一个进程

2. 关于进程和程序，以下哪种说法错误？　　　　　　　　　　　　　　　　（　　）
   A. 程序是一组有序的静态指令，进程是程序的一次执行过程
   B. 程序只能在前台运行，进程可以在前台或后台运行
   C. 程序可以长期保存，进程是暂时的
   D. 程序无状态，进程有状态

3. 哪个组合键能够挂起正在执行的进程？　　　　　　　　　　　　　　　　（　　）
   A. Ctrl+D　　　　　　B. Ctrl+C　　　　　　C. Alt+C　　　　　　D. Ctrl+Z

4. 后台启动进程时应在命令行的末尾加上什么符号？　　　　　　　　　　　（　　）
   A. &　　　　　　　　B. @　　　　　　　　C. #　　　　　　　　D. $

5. 前台运行的作业如何切换到后台？　　　　　　　　　　　　　　　　　　（　　）
   A. 不能切换
   B. 使用【Ctrl+C】组合键挂起任务并使用 kill 命令
   C. 使用【Ctrl+Z】组合键挂起并运行 bg 命令
   D. 使用【Ctrl+C】组合键挂起并运行 bg 命令

6. 进程具有若干优先级，以下选项中哪个数值表示的优先级最低？　　　　　（　　）
   A. −15　　　　　　　B. 10　　　　　　　C. 17　　　　　　　D. 0

7. 以下哪个命令能显示系统中正在运行的全部进程？　　　　　　　　　　　（　　）
   A. ps –l　　　　　　B. ps –A　　　　　　C. ps –a　　　　　　D. ps u

8. 进程信息列表的 S 列出现"R"字符，表示什么含义？　　　　　　　　　（　　）
   A. 进程已被挂起　　　　　　　　　　　　B. 进程已僵死
   C. 进程处于休眠状态　　　　　　　　　　D. 进程正在运行

9. cron、at 和 batch 三种进程调度方式中哪种方式可以多次执行调度任务？（　　）
   A. cron　　　　　　　B. at　　　　　　　C. batch　　　　　D. cron、at 和 batch

10. 要求周一至周五每天下午 1 时和晚上 8 时运行备份程序 mybackup，crontab 配置文件应如
    何编写才能完成此项工作？　　　　　　　　　　　　　　　　　　　　（　　）

    A. 0 13,20   *   *   1,5   mybackup

    B. 0 13,20   *   *   1,2,3,4,5 mybackup

    C. * 13,20   *   *   1,5   mybackup

    D. 0 13,20 1,5   *   *   mybackup

11. crontab 配置文件的内容如下所示，调度任务多久执行一次？　　　　　　　（　　　）

    * */5   *   *   *   ls –l >/root/ls.log

    A. 每 5 小时　　　　　　　　　　　　B. 每 5 分钟

    C. 格式无效，不能执行　　　　　　　D. 每周五

12. crontab 配置文件的内容如下所示，调度任务多久执行一次？　　　　　　　（　　　）

    30 4   *   *   3   who>/root/who.log

    A. 每小时　　　　　　　　　　　　　B. 每月

    C. 格式无效，不能执行　　　　　　　D. 每周

13. crontab 配置文件的内容如下所示，调度任务将在何时自动执行？

    23 5 01   *   *   shutdown –h now　　　　　　　（　　　）

    A. 每月 23 日 5 时 01 分　　　　　　B. 每月 1 日 23 时 05 分

    C. 每月 1 日 5 时 23 分　　　　　　　D. 每月 23 日 1 时 05 分

14. 以下哪个说法不正确？　　　　　　　　　　　　　　　　　　　　　　（　　　）

    A. 使用 top 命令能查看已登录的用户数

    B. 使用 free 命令能查看当前 CPU 的使用情况

    C. 使用 df 命令能查看所有分区的使用情况

    D. 使用 ps 命令能查看进程信息

15. 如何查看系统启动信息？　　　　　　　　　　　　　　　　　　　　　（　　　）

    A. mesg –D　　　　　　　　　　　　B. cat /etc/boot.log

    C. cat /etc/messages　　　　　　　　D. cat /var/log/boot.log

16. 用户 david 的 crontab 配置文件，其路径和文件名是什么？　　　　　　（　　　）

    A. /var/cron/david　　　　　　　　　B. /var/spool/cron/david

    C. /home/david/cron　　　　　　　　D. /home/david/crontab

二、思考题

按照以下要求建立调度方案：

（1）下午 4 :50 删除/abc 目录下的全部子目录和全部文件。

（2）早 8:00—下午 6:00 每小时一次将/xyz 目录下 x1 文件的最后 5 行加入到/backup 目录下的 bak01.txt 文件。

（3）每周一下午 5:50 将/data 目录下的所有目录和文件归档并压缩为文件 backup.tar.gz。

第 **8** 章 网络基础

本章首先介绍 Linux 网络配置的基本参数，与网络配置相关的文件；然后，介绍如何利用图形化配置工具和 Shell 命令手动配置网络。此外，还简单介绍了 Linux 中常用的服务器软件、服务（守护进程）以及防火墙的相关知识。

本章要点

- Linux 网络；
- 网络配置；
- 网络服务；
- 网络安全。

8.1 Linux 网络

TCP/IP 是 Internet 的网络协议标准，也是全球使用最为广泛、最重要的网络通信协议。目前无论是 UNIX 系统还是 Windows 系统都全面支持 TCP/IP，因此 Linux 也将 TCP/IP 作为网络的基础，并基于 TCP/IP 与网络中的其他计算机进行信息交换。

接入 TCP/IP 网络的计算机一般都需要进行网络配置，配置参数包括主机名、IP 地址、子网掩码、网关地址和 DNS 服务器地址等。

8.1.1 网络配置参数

1．主机名

主机名用于标识网络中的计算机。

2．IP 地址与子网掩码

主机与网络中的其他计算机进行通信时，必须至少拥有一个 IP 地址，否则在信息传送过程中无法识别信息的接收方和发送方。

IP 地址采用 "x.x.x.x" 的格式表示，其中 x 的取值范围为 0～255。传统上将 IP 地址分为 A、B、C、D、E 五类，其中 A、B、C 三类（见表 8-1）用于设置主机的 IP 地址，D、E 类两类较少使用。

表 8-1　IP 地址分类

类　　别	IP 地址范围	默认的子网掩码
A	0.0.0.0 ~ 127.255.255.255	255.0.0.0
B	128.0.0.0 ~ 191.255.255.255	255.255.0.0
C	192.0.0.0 ~ 223.255.255.255	255.255.255.0

在所有的 IP 地址中以 127 开头的 IP 地址被称为回送地址，不可用于指定主机的 IP 地址，专门用于主机各个网络进程之间的通信。同一网络中每台主机的 IP 地址必须不同，否则会造成 IP 地址冲突。

在配置 IP 地址的同时还必须配置子网掩码。为了保证网络的安全和减轻网络管理的负担，有时会把一个网络分成多个部分，而分出的部分就称为"子网"。与之相对应的子网掩码用来区分不同的子网，其表现形式与 IP 地址一样。在一般的网络应用中，通常不进行子网划分，直接采用默认的子网掩码。

3．网关地址

设置主机的 IP 地址和子网掩码后，该主机就能使用 IP 地址与同一网段的其他主机进行通信，但是不能与不同网段中的主机进行通信，因此必须设置网关来实现不同网段主机之间的通信。网关的功能如图 8-1 所示。

图 8-1　网关的功能

4．DNS 服务器地址

直接使用 IP 地址就能访问到网络中的主机，但是数字形式的 IP 地址难以记忆，因此使用域名来访问网络中的主机。为了使用域名，需要为主机至少指定一个 DNS 服务器，由 DNS 服务器来完成域名解析工作。域名解析包括两方面：正向解析（从域名到 IP 地址的映射）和反向解析（从 IP 地址到域名的映射）。

Internet 中存在大量的 DNS 服务器，每台 DNS 服务器均保存着其管辖区域内主机域名与 IP 地址的对照表。当利用 Web 浏览器等应用程序访问主机时，会向指定的 DNS 服务器查询其域名映射的 IP 地址。如果默认 DNS 服务器找不到，则向其他 DNS 服务器求助。直到找到主机 IP 地址，并将其返回给发出请求的应用程序，应用程序才能获得网络服务。

8.1.2　基本概念与相关文件

1．网络接口

Linux 内核中定义不同的网络接口，其中包括：

（1）lo 接口

lo 接口表示本地回送接口，用于网络测试以及本地主机各网络进程之间的通信。应用程序，使用回送地址（127.*.*.*）发送数据时，并不进行任何真实的网络传输。

（2）eth 接口

eth 接口表示网卡设备接口，并附加数字来反映物理网卡的序号。第一块网卡称为 eth0，第二块网卡称为 eth1，并依此类推。

（3）ppp 接口

ppp 接口表示 PPP 设备接口，并附加数字来反映 PPP 设备的序号。第一个 PPP 接口称为 ppp0，第二个 PPP 接口称为 ppp1，并依此类推。采用 DSL 等方式接入 Internet 时使用 ppp 接口。

2．网络端口

网络端口用于网络连接，端口号的取值范围是 0～65 535。根据网络服务类型的不同，Linux 将所有端口分为三大类，分别对应不同类型的服务，如表 8-2 所示。

表 8-2　端口号的分类

端 口 范 围	含 义
0～255	用于最常用的网络服务，包括 FTP、WWW 等
256～1 024	用于其他的专用服务
1024 以上	用于动态分配

常用网络服务的默认端口号，如表 8-3 所示。

表 8-3　标准的端口号

服 务 名 称	含 义	默认端口号
ftp-data	FTP 的数据传送服务	20
ftp-control	FTP 的命令传送服务	21
ssh	ssh 服务	22
smtp	邮件发送服务	25
pop3	邮件接收服务	110
nameserver	域名服务	42
http	WWW 服务	80

3．/etc/sysconfig/network-scripts/ifcfg-eth0 文件

/etc/sysconfig/network-scripts 目录包含网络接口的配置文件以及部分网络命令，其中一定包含两个文件：ifcfg-eth0 和 ifcfg-lo。ifcfg-lo 文件保存本地回送接口的相关信息，ifcfg-eth0 为默认网卡的配置文件。某 ifcfg-eth0 文件内容如下所示。此时，网卡 IP 地址通过 DHCP 方式获取。

```
DEVICE=eth0
HWADDR=00:OC:29:7B:EC:DC
TYPE=Ethernet
UUID=179273b5-0379-44e1-aaf4-ac3137aff850
ONBOOT=NO
NM_CONTROLLED=YES
BOOTPROTO=dhcp
```

各参数项的含义为：

- DEVICE：设备名，默认为 eth0。
- HWADDR：物理地址。
- TYPE:网络连接类型，默认为 ETHERNET，不需要修改。
- UUID：网卡的全球统一识别码。
- ONBOOT：在启动时是否激活。
- NM_CONTROLLED：是否由 Network Manager 管理，默认为 YES。
- BOOTPROTO：启动时采用的协议。

如需将网卡设置为固定 IP 地址，则在默认文件基础上进行修改，将 BOOTPROTO 参数项设置为 static，并增加 IP 地址、子网掩码和网关地址等信息，如下所示。

```
BOOTPROTO=static
IPADDR=192.168.0.10
BROADCAST=192.168.0.255
NETMASK=255.255.255.0
GATEWAY=192.168.0.1
DNS1=192.168.0.5
```

各参数项的含义为：

- IPADDR：IP 地址。
- BROADCAST：广播地址。
- NETMASK:子网掩码。
- GATEWAY:网关地址。
- DNS1:第一 DNS 服务器地址。

由此可知，网卡的 IP 地址为 192.168.0.10，广播地址为默认的 192.168.0.255，子网掩码为 255.255.255.0。网关地址为 192.168.0.1，DNS 服务器地址为 192.168.0.5。

4．/etc/sysconfig/network 文件

network 文件包含主机名等信息，主要参数项包括：

- NETWORKING：是否配置网络参数，默认为 YES，不需要修改。
- HOSTNAME：主机名，可设定为完全域名形式。

某 network 文件内容如下所示,即当前主机名为 centos。

```
NETWORKING=YES
HOSTNAME=centos
```

5．/etc/resolv.conf 文件

resolv.conf 文件保存所用 DNS 服务器的相关信息，主要参数项包括：

- nameserver：设置 DNS 服务器的 IP 地址，最多可以设置 3 个。每个 DNS 服务器的记录自成一行。域名解析时，首先查询第一个 DNS 服务器，如果无法成功解析，则向第二个 DNS 服务器查询。
- domain：指定主机所在的网络域名，可以不设置。
- search：指定 DNS 服务器的域名搜索域，最多可以设置 6 个。其作用在于进行域名解析时，将此处设置的网络域名自动加在要查询的主机名之后进行查询。通常不需要设置。

例如，某 resolv.conf 文件内容如下所示，即 DNS 服务器的 IP 地址为 192.168.0.5，域名搜索列表为 linux.com。

```
namesever       192.168.0.5
search          linux.com
```

网络配置文件/etc/sysconfig/network-scripts/ifcfg-eth0、/etc/sysconfig/network 和/etc/resolv.conf 修改后必须重启才能生效。

8.2　网　络　配　置

主机通过两种途径获得网络配置参数：由网络中的 DHCP 服务器动态分配，或者由系统管理员手动配置。利用 ADSL 拨号上网接入 Internet 时，通常由 ISP 的 DHCP 服务器动态分配相关的网络参数；而利用网卡接入无 DHCP 服务器的网络时，需要对网卡进行一系列的配置。

8.2.1　桌面环境下配置网络

在桌面环境下超级用户依次选择"系统"→"首选项"→"网络连接"命令，弹出"网络连接"对话框，如图 8-2 所示。

1．设置网络参数

CentOS 6.5 默认安装网卡，且采用 DHCP 方式自动获取 IP 地址。从"网络连接"对话框中选择网卡 System eth0，单击"编辑"按钮，弹出"正在编辑 System eth0"对话框，可在此设置开机后是否自动激活网卡。"有线"选项卡显示网卡的 MAC 地址，即网卡的物理地址，如图 8-3 所示。在"802.1x 安全性"选项卡中可设置网卡的安全性验证方式，如图 8-4 所示。

图 8-2　"网络连接"对话框

图 8-3　"有线"选项卡　　　　图 8-4　"802.1x 安全性"选项卡

在"IPv4 设置"选项卡中可设置网卡的 IPv4 地址（见图 8-5）；在"IPv6 设置"选项卡中则可设置网卡的 IPv6 地址（见图 8-6）。目前，Internet 仍然采用 IPv4 地址模式。

在"IPv4 设置"选项卡的"方法"下拉列表框中选择"手动"，此时"地址"列表可用，单击"添加"按钮，分别输入 IP 地址、子网掩码以及网关地址即可。为使用域名访问网络资源，需要设置 DNS 服务器的地址，还可在"搜索域"文本框中指定域名的搜索路径，如图 8-7 所示。

图 8-5　"IPv4 设置"选项卡　　　图 8-6　"IPv6 设置"选项卡　　　图 8-7　设置网络参数

2. 添加网卡

在"网络连接"对话框（见图 8-2）中单击"添加"按钮，弹出网络连接类型选择对话框，如图 8-8 所示。可选择的网络连接类型，包括真实连接和虚拟连接两类，其中真实连接中又可分为 DSL 连接、无线连接等，如图 8-9 所示。选择连接类型后，单击"新建"按钮，打开网络连接的属性对话框，类似图 8-3～图 8-6。

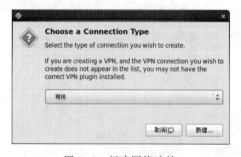

图 8-8　新建网络连接

图 8-9　选择网络连接类型

3. 删除网卡

在"网络连接"对话框（见图 8-2）中选中某网络连接，单击"删除"按钮，弹出确认删除对话，单击"删除"按钮即可。

4．启用与停用网卡

CentOS 6.5 启动时默认不启用网卡。在桌面环境下，单击顶部面板的网络连接图标，弹出快捷菜单，如图 8-10 所示。此时有线网络连接已断开，可用连接为 System eth0。单击可用的 System eth0 连接，即可启用网卡。

网络连通后，右击网络连接图标，再次弹出快捷菜单，如图 8-11 所示。选择"连接信息"命令，弹出"连接信息"对话框，显示网络连接的详细信息，其中包括 IPv4 所有的参数信息，如图 8-12 所示。

图 8-10　选择网络连接

图 8-11　选择显示连接信息

此时网络已连接，单击网络图标，弹出快捷菜单，如图 8-13 所示。选择"断开"命令即可停用网卡。

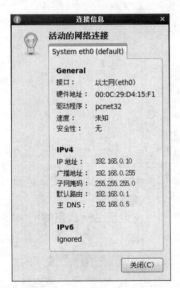

图 8-12　查看连接信息

图 8-13　断开连接

8.2.3　配置网络的 Shell 命令

1．hostname 命令

格式：hostname ［主机名］

功能：查看或临时修改主机名。

【例 8-1】查看当前主机名。

```
[root@centos  ~]# hostname
centos
```

【例 8-2】将主机名临时设置为 centos.linux.com。

```
[root@centos ~]# hostname  centos65.linux.com
[root@centos ~]# hostname
Centos65.linux.com
```

hostname 命令修改主机名后立即生效，但系统重启后会失效，因此只适用查看或临时性修改。如需永久性修改主机名，则必须编辑/etc/sysconfig/network 文件，设置其中的 HOSTNAME 值为新主机名。

2. ifconfig 命令

格式：ifconfig ［网络接口名］ ［IP 地址］ ［netmask 子网掩码］ ［up|down］

功能：查看网络接口的配置情况，并可临时性设置网卡，激活或停用网络接口。

【例 8-3】查看当前网络接口的配置情况，部分显示结果如下：

```
[root@centos ~]# ifconfig
eth0  Link encap:Ethernet  HWaddr 00:0C:29:94:20:22
      inetaddr:202.127.50.111 Bcast:202.127.50.255  Mask:255.255.255.0
      inet6 addr:fe80::20c:29ff:fe94:2022/64  Scope:Link
      UP BROADCAST RUNNING MULTICAST MTU:1500 Metric:1
      RX packets:148 errors:0 dropped:0 overruns:0 frame:0
      TX pcakets:34  errors:0 dropped:0 overruns:0 carrier:0
      collisions:0 txqueuelen:1000
      RX bytes:14399 (14.0KiB)  TX bytes:8172 (7.9KiB)
      Interrupt:19 Base Address:0x200

lo  Link encap:Local Loopback
      inet addr:127.0.0.1 Mask:255.0.0.0
      inet6 addr: ::1/128   Scope:Host
      UP LOOPBACK RUNNING MTU:16436 Metric:1
      RX packets:12 errors:0 dropped:0 overruns:0 frame:0
      TX pcakets:12  errors:0 dropped:0 overruns:0 carrier:0
      collisions:0 txqueuelen:0
      RX bytes:964 (964.0 b)  TX bytes: 964 (964.0 b)
```

使用 ifconfig 命令时，如不指定网络接口，则查看当前所有处于活跃状态的网络接口的配置情况，其中一定包括本地回送接口 lo。

ifconfig 命令可查看到网络接口的相关信息，其中 Link encap 表示网络接口的类型，HWaddr 又称 MAC 地址，表示网卡的物理地址。inetaddr 表示 IP 地址，Bcast 表示广播地址，Mask 表示子网掩码。RX 行表示已接收数据包的信息，TX 行表示已发送数据包的信息。

【例 8-4】将网卡 IP 地址设置为 192.168.0.10。

```
[root@centos ~]# ifconfig eth0 192.168.0.10
[root@centos ~]# ifconfig eth0
eth0  Link encap:Ethernet  HWaddr 00:0C:29:94:20:22
      inetaddr:192.168.0.10 Bcast:192.168.0.255  Mask:255.255.255.0
      inet6 addr:fe80::20c:29ff:fe94:2022/64  Scope:Link
      UP BROADCAST RUNNING MULTICAST MTU:1500 Metric:1
      RX packets:2618 errors:0 dropped:0 overruns:0 frame:0
      TX pcakets:46  errors:0 dropped:0 overruns:0 carrier:0
```

```
         collisions:0 txqueuelen:0
         RX bytes:254164 (248.2KiB)   TX bytes:11561 (11.2KiB)
```

ifconfig 命令设置网卡 IP 地址立即生效，但重启后失效。为保证重启有效，必须修改 /etc/sysconfig/network-scripts/ifcfg-eth0 文件，设置 BOOTROTO 参数值为 static，并设定 IPADDR、BROADCAST 和 NETMASK 等参数值。

【例 8-5】停用网卡 eth0。

```
[root@centos ~]# ifconfig eth0 down
```

3．ifup 和 ifdown 命令

格式：`ifup  网络接口`

　　　　`ifdown  网络接口`

功能：启用或停用网络接口。

【例 8-6】启用网卡 eth0。

```
[root@centos ~]# ifup eth0
```

"ifconfig 网络接口名 down" 命令可停用网络接口，与 "ifdown 网络接口名" 命令效果相同；而 "ifconfig 网络接口名 up" 可启用网络接口，等同于 "ifup 网络接口名" 命令。

4．ping 命令

格式：`ping  [-c  次数]  IP地址|主机名`

功能：测试网络的连通性。

【例 8-7】测试 IP 地址为 192.168.0.30 的主机的连通状况。

```
[root@centos ~]# ping 192.168.0.30
PING 192.168.0.30(192.168.0.30) 56(84) bytes of data.
64 bytes from 192.168.0.30:icmp_seq=1 ttl=64 time=0.367ms
64 bytes from 192.168.0.30:icmp_seq=2 ttl=64 time=0.112ms


---192.168.0.30 ping statistics---
2 packets transmitted,2 received,0% packet loss,time 999ms
rtt min/avg/max/mdev = 0.112/0.239/0.367/0.128ms
```

执行 ping 命令后将向指定的主机发送数据包，然后反馈响应信息。如不指定发送数据包的次数，那么 ping 命令就会一直执行下去，直到用户按【Ctrl+C】组合键中断。最后，显示本次 ping 命令执行结果的统计信息。

【例 8-8】测试与 www.online.sh.cn 计算机的连通状况。

```
[root@centos ~]# ping -c 2 www.online.sh.cn
PING www.online.sh.cn(218.1.64.33) 56(84) bytes of data.
64 bytes from 218.1.64.33:icmp_seq=1 ttl=251 time=17.2ms
64 bytes from 218.1.64.33:icmp_seq=2 ttl=251 time=13.2ms


---www.online.sh.cn ping statistics---
2 packets transmitted,2 received,0% packet loss,time 1011ms
rtt min/avg/max/mdev = 13.248/15.245/17.243/2.001ms
```

当参数是主机域名时，ping 命令会从 DNS 服务器获取其 IP 地址。这一命令格式也常用于测试 DNS 服务器是否正常运行。在实际应用中 ping 127.0.0.1 命令用于测试网卡是否正常，"ping 本机的 IP 地址"命令用于测试本机的 IP 地址配置是否正确。

8.3 网 络 服 务

8.3.1 服务器软件与网络服务

Linux 继承 UNIX 的稳定性和安全性等优良特点，并加上适当的服务器软件，即可满足绝大多数网络的应用要求。目前，越来越多的企业正基于 Linux 架设网络服务器，提供各种网络服务。运行于 Linux 平台的常用网络服务软件如表 8-4 所示。

表 8-4 常用网络服务器软件

服 务 类 型	软 件 名 称	服 务 类 型	软 件 名 称
Web 服务	Apache	DNS 服务	Bind
Mail 服务	Sendmail、Postfix、Qmail	Samba 服务	Samba
DHCP 服务	Dhcp	数据库服务	MySQL、PostgreSQL
FTP 服务	Vsftpd、Wu-ftpd、Proftpd		

网络服务器启动后，通常守护进程（Daemon）来实现网络服务功能。守护进程又被称为服务，总在后台运行，时刻监听客户端的服务请求。一旦客户端发出服务请求，守护进程就为其提供相应的服务。网络服务器软件总是对应着网络服务，如表 8-5 所示。

表 8-5 常用网络服务

服 务 名	功 能 说 明
httpd	Apache 服务器的守护进程，用于提供 WWW 服务
dhcpd	DHCP 服务器的守护进程，用于提供 DHCP 的访问支持
iptables	用于提供防火墙服务
named	DNS 服务器的守护进程，用于提供域名解析服务
network	激活/停用网络接口
sendmail	Sendmail 服务器的守护进程，用于提供邮件收发服务
smbd	Samba 服务器的守护进程，用于提供 Samba 文件共享服务
vsftpd	Vsftpd 服务器的守护进程，用于提供文件传输服务
mysqld	MySQL 服务器的守护进程，用于提供数据库服务
postgresql	PostgreSQL 服务器的守护进程，用于提供数据库服务

8.3.2 桌面环境下管理服务

超级用户在桌面环境下依次选择"系统"→"管理"→"服务"命令，打开"服务配置"窗口，如图 8-14 所示。窗口左侧显示当前系统能够提供的所有服务，右侧显示当前选中的服务的功能信息以及运行状态等。

选中某项服务后,单击工具栏中的"开始""停止"或"重启"按钮,可改变本次运行中服务的运行状态。单击工具栏中的"启动"""或"禁用"按钮可设置系统开机时是否启用此项服务,还能设置此项服务在不同的运行级别下是否启动,如图 8-15 所示。所有设置重启后才能生效。

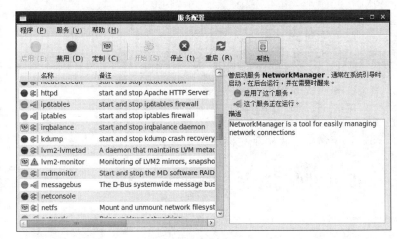

图 8-14 配置服务

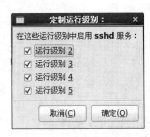

图 8-15 定制服务的运行级别

8.3.3 管理服务的 Shell 命令

1. service 命令

格式:`service  服务名  start|stop|restart`

功能:启用、停止或重启指定的服务。

【例 8-9】启用 Samba 服务。

```
[root@centos ~]# service smb start
Starting SMB services:                                  [ OK ]
```

【例 8-10】停止 Apache 服务。

```
[root@centos ~]# service httpd stop
Stopping httpd:                                         [ OK ]
```

【例 8-11】重启 Vsftp 服务。

```
root@centos ~]# service vsftpd restart
Shutting down vsftpd:                                   [ OK ]
Starting vsftpd for vsftpd:                             [ OK ]
```

2. chkconfig 命令

格式:`chkconfig [选项] [服务名] [on|off]`

功能:设置服务开机自动启用。

常用选项说明:

```
--add   服务名                     将某项服务加入开机自动启用列表
--delete  服务名                   将某项服务从开机自动启用列表中删除
--list   [服务名]                  显示在不同运行级别的启用状况。如不指定则显示全部服务
--level 运行级别数  服务名  [on|off] 设置某项服务的指定运行级别是否自动启用
```

【例 8-12】查看开机是否自动启用 httpd 服务。

```
[root@centos ~]# chkconfig --list  httpd
httpd  0: off  1: off  2: on  3: on  4: on  5: on  6: off
```

由此可知，当运行级别为 2~5 时 httpd 服务将在开机时自动启用。

【例 8-13】设置开机不自动启用 httpd 服务。

```
[root@centos ~]# chkconfig httpd off
[root@centos ~]# chkconfig --list  httpd
httpd  0: off  1: off  2: off  3: off  4: off  5: off  6: off
```

【例 8-14】设置运行级别为 3 时开机自动启用 httpd 服务。

```
[root@centos ~]# chkconfig --level 3 httpd on
[root@centos ~]# chkconfig --list  httpd
httpd  0: off  1: off  2: off  3: on  4: off  5: off  6: off
```

与 service 命令不同的是：chkconfig 命令不会立即生效，必须重启后才会起效。

8.4　网　络　安　全

8.4.1　防火墙

防火墙是网络安全的重要机制，其基本功能在于：建立内部网与外部网，专用网与公用网之间的安全屏障，用于保证网络免受非法用户的入侵。具体而言，防火墙建立访问控制机制，确定哪些内部服务允许外部访问，以及允许哪些外部请求访问内部服务；还可以根据网络传输的类型决定数据包是否可以进出内部网络。

按照防火墙技术的防范方式和侧重点的不同，可将防火墙分为两大类：包过滤防火墙和代理服务型防火墙，其中包过滤防火墙处理速度快且易于维护。包过滤防火墙内置 3 个表，分别是 filter 表、NAT 表和 Mangle 表，分别用于实现包过滤、网络地址转换和包重构的功能，其中最重要的是 filter 表。

filter 表包括 INPUT 数据链（处理允许进入的数据包）、FORWARD 数据链（处理转发的数据包）以及 OUTPUT 数据连接（处理本地生成的数据包）。所谓数据链是数据包传播的途径。每条数据链中可以有一条或多条规则。当数据包到达数据链后，防火墙会从链中第一条规则开始检查，检查该数据包是否满足规则所定义的条件。如果满足则根据这条规则所定义的方法处理，否则继续比对下一条规则。如果不符合数据链中的任何一条规则，就会根据预先定义的默认策略来处理。

8.4.2　桌面环境下管理防火墙

超级用户在桌面环境下依次选择"系统"→"管理"→"防火墙"命令，弹出"启动防火墙配置"对话框，如图 8-16 所示。在此说明图形界面的防火墙配置工具，主要用于查看防火墙的配置状况，用户原本手动配置的内容无法载入。单击"关闭"按钮后，打开"防火墙配置"窗口。

1．开启与关闭防火墙

单击工具栏中的"启用"或"禁用"按钮可设置启用或关闭防火墙。只有在可信任的局域网中才能关闭防火墙，否则可能遭受网络攻击。

2．设置可信服务

"可信的服务"选项卡列出系统所有的网络服务，如图 8-17 所示。复选框为勾选状态的那些网络服务在启用防火墙时，仍被允许通过防火墙，反之亦然。

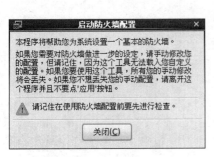

图 8-16　配置防火墙　　　　　　　　　　图 8-17　可信的服务

3．设置其他端口

单击左侧的"其他端口"按钮，打开附加端口列表，如图 8-18 所示。单击"添加"按钮，弹出"端口和协议"对话框，可输入允许访问的附加端口号以及所使用的协议，如图 8-19 所示。

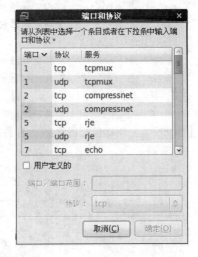

图 8-18　其他端口　　　　　　　　　　图 8-19　添加其他的端口和协议

4．确认修改

完成防火墙设置后，单击"应用"按钮，弹出警告对话框，如图 8-20 所示。单击"是"按钮，确认修改。如果设置为启用防火墙，那么设定内容就会写入/etc/sysconfig/iptables 文件，并启动 iptables 服务。如果设置为禁用防火墙，那么/etc/sysconfig/iptables 文件会被删除，iptables 服务也会立即停止。

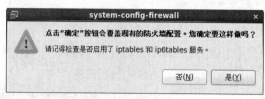

图 8-20 确认防火墙修改

8.4.3 管理防火墙的 Shell 命令

iptables 命令：

格式：`iptables   命令选项 [匹配选项] [-j 操作选项] [其他选项]`

功能：管理 iptables 包过滤防火墙。

主要命令选项说明：

`-L  [数据链名]`	查看数据链的规则列表。不指定
`-A  数据链名`	添加规则
`-D  数据链名   编号`	删除指定编号的规则
`-F  数据链名`	删除所有的规则

主要匹配选项说明：

`-i  网络接口名`	指定数据包的入口
`-o  网络接口名`	指定数据包的出口
`-p  协议类型`	指定数据包的协议
`-s  源地址`	指定数据包的来源地址
`-d  目标地址`	指定数据包的目标地址
`--sport 源端口号`	指定数据包的来源端口号
`--dport 源端口号`	指定数据包的目标端口号

主要操作选项说明：

`ACCEPT`	接受数据包
`DROP`	丢弃数据包

其他选项说明：

`-line-numbers`	显示规则号

【例 8-15】查看包过滤表的所有数据链。

```
[root@centos  ~]# iptables -L
Chain       INPUT(policy ACCEPT)
target  prot   opt source      destination
ACCEPT  all    --anywhere      state RELATED,ESTABLISHED
ACCEPT  icmp   --anywhere
ACCEPT  all    --anywhere
ACCEPT  tcp    --anywhere      state NEW tcp dpt:ssh
REJECT  all    --anywhere  reject-with icmp-host-prohibited
ACCEPT  tcp    --anywhere      tcp dpt:http

Chain FORWARD (policy ACCEPT)
```

```
target   prot    opt source      destination
REJECT   all     --anywhere      reject-with icmp-host-prohibited

Chain OUTPUT （policy ACCEPT）
target   prot    opt source      destination
```

【例 8-16】为 INPUT 数据链添加一条规则，规则内容是：丢弃所有来自 192.168.1.100 的主机的数据包。

```
[root@centos ~]# iptables -A INPUT -s 192.168.1.100 -j DROP
```

【例 8-17】为 INPUT 数据链添加一条规则，规则内容是：允许访问 HTTP 的 80 端口。

```
[root@centos ~]# iptables -A INPUT -P tcp --dport 80 -j ACCEPT
```

【例 8-18】查看所有 INPUT 数据链信息，并显示规则编号。

```
[root@centos ~]# iptables -L INPUT -line-numbers
Chain       INPUT(policy ACCEPT)
num     target   prot    opt source      destination
1       ACCEPT   all     --anywhere      state RELATED,ESTABLISHED
2       ACCEPT   icmp    --anywhere
3       ACCEPT   all     --anywhere
4       ACCEPT   tcp     --anywhere      state NEW tcp dpt:ssh
5       REJECT   all     --anywhere  reject-with icmp-host-prohibited
6       DROP     all     --192.168.1.100
7       ACCEPT   tcp     --anywhere      tcp dpt:http
```

【例 8-19】删除编号为 6 的规则。

```
[root@centos ~]# iptables -D INPUT 6
[root@centos ~]# iptables -L INPUT -line-number
Chain       INPUT(policy ACCEPT)
num     target   prot    opt source      destination
1       ACCEPT   all     --  anywhere    state RELATED,ESTABLISHED
2       ACCEPT   icmp    --  anywhere
3       ACCEPT   all     --  anywhere
4       ACCEPT   tcp     --  anywhere    state NEW tcp dpt:ssh
5       REJECT   all     --  anywhere    reject-with icmp-host-prohibited
6       ACCEPT   tcp     --  anywhere    tcp dpt:http
```

8.4.4 SELinux

SELinux 全称是 Security Enhanced Linux，是由美国国家安全部领导开发的 GPL 项目，是一个灵活而强制性的访问控制结构，旨在提高 Linux 系统的安全性，提供强健的安全保证，可防御未知攻击。

SELinux 的配置文件为/etc/selinux/config，其内容极为简单，仅包含两项配置参数，其中最重要的是 SELINUX 参数。SELINUX 参数表示 SELinux 的运行模式，其值可设置为 enforcing、permissive 或 disabaled，分别表示强制处理、发出警报和关闭 SELinux。

config 文件的默认内容如下（省略 "#" 打头的注释行内容）：

```
SELINUX=enforcing
SELINUXTYPE=targeted
```

此时，SELinux 参数为 enforcing，也就是说 CentOS 6.5 默认启用 SELinux，当有不符合 SELinux 安全规则的访问时，SELinux 将自动屏蔽而不提示。

小　结

TCP/IP 是 Linux 网络的基础，主机必须获取网络配置参数才能与其他主机进行通信。主机可通过两种途径获得网络配置参数：由网络中的 DHCP 服务器动态分配，或由系统管理员手动配置。网络配置参数主要包括：IP 地址、子网掩码、网关地址、域名服务器地址和主机名等，保存在 /etc/sysconfig/network-scripts/ifcfg-eth0、/etc/sysconfig/network 和/etc/resolv.conf 等文件。

要将主机架设为网络服务器，首先必须安装和配置相应的服务器软件，然后还必须启用相应的服务（守护进程）。守护进程总是在后台运行，负责监听和响应客户端的服务请求。

防火墙是网络安全的重要机制，能够有效预防网络攻击；在启用防火墙时，也需要允许网络服务通过防火墙。SELinux 提升网络安全能力，其配置文件为/etc/selinux/config。

习　题

一、选择题

1. 主机的 IP 地址为 202.120.90.13，那么其默认的子网掩码是什么？　　　　　　（　　）
   A. 255.255.0.0　　　　　　　　　　　　B. 255.0.0.0
   C. 255.255.255.255　　　　　　　　　　D. 255.255.255.0

2. 通常将什么范围的端口号分配临时性网络服务？　　　　　　　　　　　　　（　　）
   A. 1024 以上　　　　B. 0～1024　　　　C. 256～1024　　　　D. 0～128

3. 关于网络服务默认的端口号，以下哪个说法哪个正确？　　　　　　　　　　（　　）
   A. FTP 服务使用的端口号是 21　　　　　B. SSH 服务使用的端口号是 23
   C. DNS 服务使用的端口号是 53　　　　　D. WWW 服务使用的端口号是 80

4. ifcfg-eth0 文件中哪个参数项将决定 IP 地址获取方式？　　　　　　　　　（　　）
   A. ONBOOT　　　　B. TYPE　　　　C. BOOTPROTO　　　　D. IPADDRESS

5. 与 ifup eth0 命令功能相同的命令是哪个？　　　　　　　　　　　　　　（　　）
   A. ifdown　eth0　up　　　　　　　　B. ipconfig　up　eth0
   C. ifconfig　up eth0　　　　　　　　D. ifconfig　eth0　up

6. 要发送 10 次数据包来测试与主机 abc.edu.cn 的连通性，应使用的命令是哪个？（　　）
   A. ping -a 10 abc.edu.cn　　　　　　B. ping -c 10 abc.edu.cn
   C. ifconfig -c 10 abc.edu.cn　　　　　D. hostname -c 10 abc.edu.cn

7. 以下哪种方法设置的主机名重启后仍然有效？　　　　　　　　　　　　　（　　）
   A. 使用 host 命令
   B. 编辑/etc/resolv.conf 文件
   C. 编辑/etc/syscofig/network 文件
   D. 编辑/etc/sysconfig/network-scripts/ifcfg-eth0 文件

8. WWW 网络服务的守护进程是哪个？　　　　　　　　　　　　　　　　　（　　）
   A. lpd　　　　　　B. netd　　　　　　C. httpd　　　　　　D. inetd

9. 关于 service 命令和 chkconfig 命令，以下哪个说法错误？　　　　　　　　（　　）

　　A. service 命令立即生效，chkconfig 命令重启后生效

　　B. service 命令立即改变服务的运行状态

　　C. chkconfig 命令只能查看不同运行级别下服务是否自动启用，但不能修改

　　D. chkconfig 命令只能设置系统启动时服务是否自动启用

10. 以下哪个命令能查看防火墙的 INPUT 数据链接？　　　　　　　　　　　（　　）

　　A. iptables –L INPUT　　　　　　　　　　B. iptables –i INPUT

　　C. iptables –A INPUT　　　　　　　　　　D. iptables –F INPUT

11. iptables 命令的哪个匹配选项能指定数据包的所用协议？　　　　　　　　（　　）

　　A. –i　　　　　　　　B. –p　　　　　　　　C. –s　　　　　　　　D. –d

12. 如何编辑 SELinux 配置文件，才能在网络访问不符合 SELinux 安全规则时，自动屏蔽并

　　发出警报信息？　　　　　　　　　　　　　　　　　　　　　　　　（　　）

　　A. 设置 SELINUX 参数为 enforcing

　　B. 设置 SELINUXTYPE 参数为 enforcing

　　C. 设置 SELINUX 参数为 permissive

　　D. 设置 SELINUXTYPE 参数为 permissive

二、思考题

配置主机的网络环境，要求如下：

（1）设置 IP 地址为 192.168.0.10，子网掩码为 255.255.255.0。

（2）设置主机名为 centos65。

（3）关闭 SELinux。

第 9 章　网络服务器

Linux 平台上可配置多种服务器，本章选择性介绍 Samba 服务器、DNS 服务器、WWW 服务器和 FTP 服务器的基本功能和配置方法，涉及的软件包括 Samba、Bind、Apache 和 Vsftpd。

本章要点

- Samba 服务器；
- DNS 服务器；
- WWW 服务器；
- FTP 服务器。

9.1　Samba 服务器

Samba 服务器提供文件和打印的服务，特别适合于多种操作系统并存的局域网络。Samba 服务器可使 Windows 用户访问 Linux 的共享资源，而 Linux 用户也可轻松访问到 Windows 的共享资源。

9.1.1　SMB 协议与 Samba 服务

SMB（Server Message Block，服务信息块）协议是实现网络上不同类型计算机之间文件和打印机共享服务的协议。SMB 的工作原理是让 NetBIOS 协议与 SMB 协议运行在 TCP/IP 之上，并且利用 NetBIOS 的名字解释功能让 Linux 计算机与 Windows 计算机可以相互识别，从而实现 Linux 计算机与 Windows 计算机之间相互访问共享文件和打印机的功能。Samba 服务器的应用环境如图 9-1 所示。

Samba 是一组使 Linux 支持 SMB 协议的软件，基于 GPL 原则发行，源代码完全公开。Samba 的核心守护进程是 smbd。smbd 守护进程负责建立对话、验证用户、提供文件和打印机共享服务等，另外 nmd 守护进程可实现按照 NetBIOS 名查找主机。

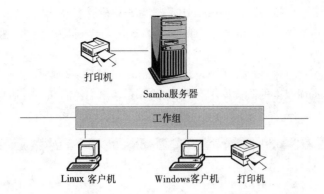

图 9-1　Samba 服务器的应用环境

9.1.2　Samba 服务器的安装与准备

CentOS 6.5 默认不安装 Samba 服务器，可采用下列方法进行安装：

● 在网络连接的情况下执行 yum 命令进行安装。

```
[root@centos ~]# yum install samba
```

● 采用光盘安装，将 CentOS 6.5 的 DVD 安装光盘放入光驱，加载后执行安装 samba 软件包的 rpm 命令。

```
[root@centos ~]# rpm -ivh /media/CentOS_6.5_Final/Packages/
samba-3.6.9-164.el6.i686.rpm
```

● 在网络连接的情况下，桌面环境中运行"添加/删除软件"程序，打开"添加/删除软件"窗口，在左侧选择 Server 类别下的"CIFS 文件服务器"软件包集，选中 samba 软件包前的复选框，最后单击"应用"按钮即可，如图 9-2 所示。

图 9-2　安装 Samba 服务器软件

CentOS 6.5 中与 Samba 服务器密切相关的软件包分别是：

● samba-3.6.9-164.el6.i686.rpm：Samba 服务器软件，默认不安装。

● Samba4-libs-4.0.0-58.el6.rc4.i686.rpm：Samba 的公用类库文件，默认安装。

● samba-common-3.6.9-164.el6.i686.rpm：Samba 服务器端和客户端共用的文件，默认安装。

- samba-client-3.6.9-164.el6.i686.rpm：Samba 客户端软件，默认安装。
- samba-winbind-3.6.9-164.el6.i686.rpm：实现 Linux 与 Windows 无缝连接 winbind 软件，默认安装。
- samba-winbind-clients-3.6.9-164.el6.i686.rpm：winbind 的客户端程序，默认安装。

默认情况下，CentOS 6.5 的防火墙不允许 Windows 客户端访问 Samba 服务器，为保证 Samba 服务器能发挥作用，必须允许 Samba 服务进程通过防火墙，如图 9-3 所示。

图 9-3　开启防火墙

9.1.3　Samba 服务器配置基础

Samba 相关软件包安装完成后，Linux 服务器与 Windows 客户端之间还不能正常互联。要让 Samba 服务器发挥作用，还必须正确配置 Samba 服务器。另外，SELinux 对于 Samba 服务也有所影响，为顺利完成如下示例，应禁用 SELinux。

1. smb.conf 文件

Samba 服务器的全部配置信息均保存在/etc/samba/smb.conf 文件。smb.conf 文件采用分节结构，一般由 3 个标准节和若干个用户自定义的共享节组成。

- [global]节：定义 Samba 服务器的全局参数，与 Samba 服务整体运行环境紧密相关。
- [homes]节：定义共享用户主目录。
- [printers]节：定义打印机共享。
- [自定义目录名]节：定义用户自定义的共享目录。

smb.conf 文件决定 Samba 服务器的主要功能，其格式有如下规则：

- 配置语句形式为"参数名称=参数值"。
- 参数取值有两种类型：字符串和布尔值。字符串不需要使用双引号，而布尔值为 yes 或 no。
- 以 "#" 开头的行是配置参数的说明信息，以 ";" 开头的行是预留配置行，其所在行的参数无效。

（1）全局参数

[global]节定义多个全局参数，部分最常用的全局参数及其含义如表 9-1 所示。

表 9-1　Samba 服务器的全局参数

类　型	参　数　名	说　明
基本	workgroup	Samba 服务器所属的工作组
	server string	Samba 服务器的描述信息
安全	security	Samba 服务器的安全级别
	passdb backend	Samba 的用户账号加密方式
	hosts allow	可访问 Samba 服务器的 IP 地址范围
打印	printcap name	打印配置文件的保存路径
	cups option	打印系统的工作模式
	load printers	是否共享打印机
	printing	打印系统的类型
日志	log file	日志文件的保存路径
	max log size	日志文件的最大尺寸，以 KB 为单位。

（2）共享资源参数

共享资源参数出现在[Homes]、[Printers]以及用户自定义的共享目录节，用于说明共享资源的属性。常用共享资源参数及其含义如表 9-2 所示。

表 9-2　Samba 服务器的共享资源参数

参　数　名	含　义
comment	共享目录的描述信息
path	共享目录的路径
browseable	共享目录是否可浏览，默认为 yes
writable	共享目录是否可写，默认为 no
read only	共享目录是否只可读
guest ok	是否允许 guest 账号访问
only guest	是否只允许 guest 账号访问
valid user	允许访问共享目录的用户

smb.conf 文件的默认内容如下（省略 "#" 和 ";" 开头的注释行内容）：

```
[global]
  workgroup=MYGROUP
  server string=Samba Sever Version %v
  log file=/var/log/samba/log.%m
  max log size=50
  security=user
passdb backend=tdbsam
  load printers=yes
  cups options=raw
[homes]
```

```
    comment =Home Directories
    browseable=no
    writable=yes
[printers]
    comment=All Printers
    path=/var/spool/samba
    browseable=no
    writable=no
    pritabale=yes
```

2. Samba 服务器的安全级别

Samba 服务器提供 3 种安全级别，利用 security 参数可指定其安全级别，最常用的安全级是共享或用户。

- 共享（Share）：客户端连接到 Samba 服务器后，不需要输入 Samba 用户名和密码即可访问 Samba 服务器中的共享资源。这种方式方便但不太安全。
- 用户（User）：Samba 服务器默认的安全级别。Samba 服务器负责检查 Samba 用户名和密码，验证成功后才能访问相应的共享目录，且默认采用 tdbsam 加密方式。
- 服务器（Server）：Samba 服务器本身不验证 Samba 用户名和密码，而由 Windows 域控制服务器负责。此时，必须指定域控制服务器的 NetBIOS 名称。

9.1.4 设置 Samba 用户

当 Samba 服务器的安全级别为用户时，用户访问 Samba 服务器时必须提供其 Samba 用户名和密码。只有 Linux 系统本身的用户才能成为 Samba 用户，并需设置其 Samba 密码。采用 tdbsam 加密方式时，必须利用 pdbedit 命令管理 Samba 用户。

格式：pdbedit ［选项］ ［用户名］

功能：将 Linux 用户设置为 Samba 用户。无选项时，修改 Samba 用户的密码。

主要选项说明：

```
-a  用户名    增加 Samba 用户
-r  用户名    修改 Samba 用户
-x  用户名    删除 Samba 用户
-v  用户名    查看 Samba 用户信息
-L           显示所有用户
```

【例 9-1】将名为 jerry 的 Linux 用户设置为 Samba 用户。

```
[root@centos ~]# pdbedit -a jerry
new password:
retype new passwd:
```

【例 9-2】查看 Samba 用户 jerry 的信息。

```
[root@centos ~]#pdbedit -v jerry
Unix username:       jerry
NT username:
Account Flags:       [U
User SID:            s-1-5-21-531852571-3761315596-2964216268-1001
Primary Group SID:   s-1-5-21-531852571-3761315596-2964216268-513
Full Name:
Home Directory:      \\CentOS\jerry
```

```
HomeDir Drive:
Logon Script:
Profile Path:          \\CentOS\jerry\profile
Domain:                CENTOS
Account desc:
Workstations:
Munged dial:
Logon time:            0
Logoff time:           never
Kickoff time:          never
Password last set:         Wed,24 Dec 2013 22:49:44 CST
Password can change:       Wed,24 Dec 2013 22:49:44 CST
Password must change:      never
Last bad password:         0
Bad password count:        0
Logon hours:               FFFFFFFFFFFFFFFFFFFFFFFFFFFFFFFFFFFFFFFF
```

【例 9-3】显示所有的 Samba 用户信息。

```
[root@centos ~]#pdbedit -L
helen:500:
jerry:501:
```

9.1.5　配置 Samba 服务器

以下利用具体实例来说明编辑 smb.conf 文件配置 Samba 服务器的方法。编辑配置文件后，应使用 testparm 命令来测试 smb.conf 文件是否正确，并启动 Samba 服务。

【例 9-4】架设共享级别的 Samba 服务器，所有用户均可读写/stmp 目录（/stmp 目录已存在），当前工作组为 workgroup。

- 利用任何文本编辑工具，新建如下内容的 smb.conf 文件。

```
[global]
   workgroup=workgroup
   netbios name=centos
   security=share
[tmp]
   path=/stmp
   writable=yes
   guest ok=yes
```

- 利用 testparm 命令测试配置文件是否正确。

```
[root@centos ~]#testparm
Load smb config files from /etc/samba/smb.conf
Rlimit_max:increasing rlimit_max(1024) to minimum Window limit(16384)
Processing section "[tmp]"
WARNING:The security=share option is deprecated.
Loaded services file OK.
Server role:ROLE_STANDALONE
Press enter to see a dump of your service definitions
```

testparm 命令执行后显示 Loaded services file OK 信息，表明 Samba 服务器的配置文件完全正确，否则将提示出错信息。此时，按下【Enter】键显示详细的配置内容，如下所示：

```
[global]
   netbios name=CENTOS
   security=SHARE
   idmap config *:backend = tdb
[tmp]
   path=/stmp
   read only=No
guset ok=Yes
```

testparm 命令显示的配置语句跟 smb.conf 文件不一定完全相同，但是功能一定相同。其中 writable=yes 语句等同于 read only=no。

- 启动 Samba 服务。

```
[root@centos ~]# service smb start
Staring SMB services:                    [ OK ]
[root@centos ~]# service nmb start
Staring NMB services:                    [ OK ]
```

由于本例中 Samba 配置文件中已设置 netbios name 参数，为实现按照主机名浏览，在启用 smb 守护进程的同时，还必须启动 nmb 进程。此时，所有用户不需要密码就可访问/tmp 目录。

【例 9-5】架设用户级别的 Samba 服务器，jerry 用户和 helen 用户可利用 Samba 服务器访问其主目录中的文件，当前工作组为 workgroup。

- 将 jerry 用户设置为 Samba 用户，并设置其密码，参见例 9-1。
- 将 helen 用户设置为 Samba 用户，并设置其密码，参见例 9-1。
- 利用任何文本编辑工具，新建如下内容的 smb.conf 文件。

```
[global]
   workgroup=workgroup
   netbios name=centos
   security=user
[homes]
   comment=Home Directory
   browseable=no
   writable=yes
```

- 利用 testparm 命令测试配置文件是否正确。

```
[root@centos ~]testparm
Load smb config files from /etc/samba/smb.conf
Rlimit_max:increasing rlimit_max(1024) to minimum Window limit(16384)
Processing section "[homes]"
Loaded services file OK.
Server role:ROLE_STANDALONE
Press enter to see a dump of your service definitions

[global]
   netbios name=CENTOS
   idmap config *:backend = tdb
[homes]
   comment=Home Directory
   read only=No
   browseable=No
```

- 重新启动 Samba 服务。

```
[root@centos ~]# service smb restart
Shutting down SMB services:              [ OK ]
Staring SMB services:                    [ OK ]
[root@centos ~]# service nmb restart
Shutting down NMB services:              [ OK ]
Staring NMB services:                    [ OK ]
```

此时，只有 Samba 用户，通过验证才能访问其用户主目录。

【例 9-6】架设用户级别的 Samba 服务器，其中 jerry 和 helen 用户可访问其个人主目录、/stmp 目录和/var/samba/hel-jerry 目录，而其他普通用户只能访问其个人主目录和/stmp 目录。假设 jerry 和 helen 用户已存在，/stmp 和/var/samba/hel-jerry 目录已存在，工作组为 workgroup。

- 将 Linux 所有的普通用户都设置为 Samba 用户。
- 利用任何文本编辑工具，新建如下内容的 smb.conf 文件。

```
[global]
   workgroup=workgroup
   netbios name=centos
   security=user
[homes]
   comment=Home Directory
   browseable=no
   writable=yes
[tmp]
   path=/stmp
   writable=yes
[helen-jerry]
   path=/var/samba/hel-jerry
   valid users=helen,jerry
```

- 利用 testparm 命令测试配置文件是否正确。

```
[root@centos ~]testparm
Load smb config files from /etc/samba/smb.conf
Rlimit_max:increasing rlimit_max(1024) to minimum Window limit(16384)
Processing section "[homes]"
Processing section "[tmp]"
Processing section "[hel-jerry]"
Loaded services file OK.
Server role:ROLE_STANDALONE
Press enter to see a dump of your service definitions

[global]
   netbios name=CENTOS
   idmap config *:backend = tdb
 [homes]
   comment=Home Directory
   read only=No
   browseable=No
 [tmp]
   path=/stmp
   read only=No
```

```
[hel-jerry]
  path=/var/samba/hel-jerry
  valid users=helen,jerry
```
● 重新启动 Samba 服务。

9.1.6　Windows 计算机访问 Samba 共享

Windows 7 中依次选择"开始"菜单→"计算机"，打开计算机窗口，单击左侧的"网络"图标，显示工作组中的所有计算机，包括 Samba 服务器（此时为 CENTOS），如图 9-4 所示。如果 Samba 服务器的安全级别为共享（Share）级别，双击 Samba 服务器，将直接显示出 Samba 服务器提供的共享目录。图 9-5 显示 Windows 计算机访问例 9-4 中所配置 Samba 服务器的共享目录 tmp。

图 9-4　查看网络中的计算机

图 9-5　访问 Samba 共享目录

如果 Samba 服务器的安全级别是用户（User）级别，会弹出"Windows 安全"对话框，如图 9-6 所示，在此输入正确的 Samba 用户名和密码，将显示 Samba 服务器提供的共享目录。图 9-7 显示 Windows 计算机访问例 9-5 中所配置 Samba 服务器的共享目录，也就是 helen 用户的个人主目录。

图 9-6　输入 Samba 用户名及其密码

图 9-7　访问 Samba 共享目录

用户在 Windows 计算机上可对 Samba 共享目录进行多种文件操作，图 9-8 显示了 helen 的个人主目录信息。

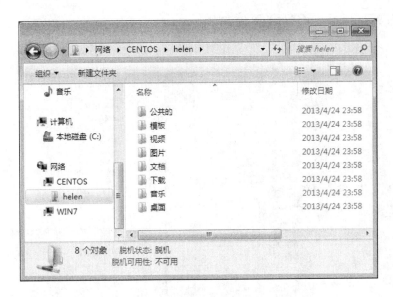

图 9-8　查看用户主目录内容

　　另外，也可利用 IP 地址访问 Samba 服务器，在 Windows 7 的开始菜单的"搜索程序和文件"
文本框中输入 Samba 服务器的 IP 地址，按【Enter】键，弹出"Windows 安全"对话框（见图 9-6），
用户认证成功后也能打开 Samba 服务器。图 9-9 显示 helen 用户访问例 9-6 中所配置 Samba 服务
器，认证成功后可浏览的共享目录，双击共享目录，可查看共享目录中的文件和子目录。如果以
tom 用户身份进行用户认证，则可浏览到 tom（用户主目录）、tmp（/stmp 目录）和 helen-jerry 目
录，用户 tom 可以进入前两个目录，双击 helen-jerry 目录时，弹出"Windows 安全"对话框，输
入用户名和密码后仍被拒绝，如图 9-10 所示。

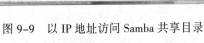

图 9-9　以 IP 地址访问 Samba 共享目录　　　　　　图 9-10　拒绝 tom 用户访问

9.1.7　Linux 桌面环境下访问 Windows 共享

　　Windows 计算机也可提供文件共享功能，必须首先设定共享目录的属性。在 Windows 7 中右
击需要共享的目录，弹出快捷菜单，从中选择"属性"命令，弹出目录的属性对话框，选中"共
享"选项卡。单击"共享"按钮，弹出"文件共享"对话框，设置共享的用户（必须是 Windows 7

的用户），如图 9-11 所示，完成后如图 9-12 所示。

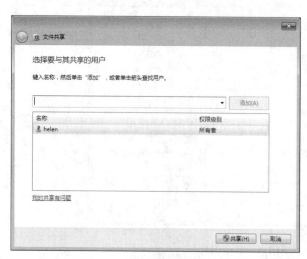

图 9-11　设置共享目录的用户

图 9-12　完成共享设置

局域网中的 Samba 服务器成功启动，Windows 计算机也提供共享文件夹，那么 Linux 计算机就可以访问 Windows 计算机中的共享资源。在 GNOME 桌面环境下选择"位置"→"网络"命令，打开"网络 - 文件浏览器"窗口，显示网络信息，如图 9-13 所示。双击"Windows 网络"图标，查看 Windows 网络中的工作组信息，如图 9-14 所示。

图 9-13　查看网络

图 9-14　查看工作组

此时，Windows 网络中有个名为 WORKGROUP 的工作组，双击此工作组图标，查看此工作组中的所有计算机，如图 9-15 所示。此时，工作组中有两台主机，分别是 WIN7 和 CENTOS。双击 Window 计算机（此时为 WIN7），需要输入用户名和密码（Windows 7 用户名和密码），如图 9-16 所示。

图 9-15　查看工作组内计算机

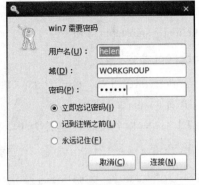

图 9-16　Windows 计算机的用户验证

通过验证后可浏览 Window 计算机的共享目录，如图 9-17 所示，此时包括共享的 Win7_Share 目录。双击 Win7_Share 目录，再次要求输入有权访问共享目录的用户名和密码，如图 9-18 所示。

图 9-17　查看共享目录

图 9-18　共享目录的用户验证

通过验证后即可查看到 Windows 7 计算机中共享目录的内容，如图 9-19 所示。

图 9-19　查看共享目录的内容

9.1.8　与 Samba 服务相关的 Shell 命令

Linux 中与 Samba 服务器有关的 Shell 命令除了前面介绍过的 testparm 命令和 pdbedit 命令外，还包括 smbclient、smbstatus 等命令。

1. smbclient 命令

格式：smbclient　[-L　NetBIOS 名|IP 地址]　[共享资源路径]　[-U　用户名]

功能：查看 Samba 共享资源。

【例 9-7】Samba 服务器的 IP 地址为 192.168.0.55，Samba 用户 helen 查看共享资源。

```
[helen@centos ~]# smbclient -L \\192.168.0.55
Enter helen's password:
Domain=[WORKGROUP] OS=[Unix] Server=[Samba 3.6.9-164.el6]
Sharename          Type          Comment
---------          -----         -------
tmp                Disk
hel-jerry          Disk
IPC$               IPC           IPC service(Samba 3.6.9-164.el6)
helen              Disk          Home Directory
Domain =[WORKGROUP] OS=[Unix] Server=[Samba 3.6.9-164.el6]
Server             Comment
---------          -----
CENTOS             Samba 3.6.9-164.el6
WIN7               WIN7

Workgroup          Master
---------          -----
WORKGROUP          WIN7
```

用户 helen 输入 smbclient -L \\192.168.0.55 命令后，要求输入其 Samba 密码，接着屏幕显示出一系列 Samba 服务的相关信息，其中包括当前计算机提供 3 个共享目录 tmp、hel-jerry 和 helen 用户主目录；局域网中当前有 2 个采用 SMB 协议的计算机:CENTOS 和 WIN7，工作组的名称为 WORKGROUP。

此时，登录用户必须是 Samba 用户，且输入的是 Samba 服务器的密码，并不是 CentOS 的登录密码。为提升系统安全性，root 用户不能作为 Samba 用户。

【例 9-8】Samba 服务器名为 CentOS，查看 jerry 用户可访问的共享资源。

```
[root@centos ~]# smbclient -L //CentOS -U jerry
Enter jerry's password:
Domain =[WORKGROUP] OS=[Unix] Server=[Samba 3.6.9-164.el6]
Sharename          Type          Comment
---------          -----         -------
tmp                Disk
hel-jerry          Disk
IPC$               IPC           IPC service(Samba 3.6.9-164.el6)
jerry              Disk          Home Diretories

Domain =[WORKGROUP] OS=[Unix] Server=[Samba 3.6.9-164.el6]
Server             Comment
```

```
---------          -----
CENTOS             Samba 3.6.9-164.el6
WIN7               WIN7

Workgroup          Master
---------          -----
WORKGROUP          CENTOS
```

例 9-7 和例 9-8 都针对同一 Samba 服务器，由于用户不同，显示结果也略有不同。

【例 9-9】访问名为 Win7 的计算机提供的共享目录 Win7_share，Win 7 计算机的用户名为 helen。

```
[root@centos ~]#smbclient //Win7/Win7_share -U helen
Enter helen's Password:
[Domain=Win7] OS=[Windwos 7 Ultimate 7601 Service Pack 1] Server=[Windows 7
Ultimate 6.1]
smb: \>
```

执行这条命令时需要输入 Windows 7 计算机上用户的密码。验证成功后进入 smbclient 环境，出现 "smb:\" 提示符等待输入相关命令。输入 "?" 将显示所有可使用的命令，其中 get 和 mget 命令可将共享目录中的文件复制到本地机，put 和 mput 命令可将本地机中的文件复制到共享目录。

利用 smbclient 提供的各子命令可对共享目录进行各种文件操作，如下所示：

```
smb: \>ls
.                     D        0     Mon  Jun 24 16:45:45 2013
..                    D        0     Fri  Jun 24 16:45:45 2013
Koala.jpg             A    31107016  Wed  Jan 16 15:19:58 2013
    399989 blocks of size 524288.30863   blocks available
smb: \> get Koala.jpg
getting file \ Koala.jpg of size 31107016 as Koala.jpg
(9161.0kb/s)(average 9161.0kb/s)
smb: \> quit
```

在此将共享目录 Win7_share 中的 Koala.jpg 文件复制到当前目录。

2. smbstatus 命令

格式：smbstatus

功能：查看 Samba 共享资源被使用的情况。

【例 9-10】查看 Samba 共享资源当前被使用的情况。

```
[root@centos ~]smbstatus
Samba version 3.6.9-164.el6
PID        Username   Group     Machine
-----------------------------------------
3893       helen      helen     win7 (192.168.0.20)
3764       jerry      jerry     win7 (192.168.0.20)

Service    pid       machine    Connected at
-----------------------------------------
IPC$       3764      win7       Sat Dec 16 22:24:52 2013
helen      3893      win7       Sat Dec 16 22:24:52 2013


No locked files
```

以上信息显示名为 helen 的用户正在使用名为 win7（其 IP 地址为 192.168.0.20）的计算机，helen 用户正在访问其用户主目录。屏幕显示 No locked files（无锁定文件）信息，说明 helen 用户未对共享目录中的文件进行编辑，否则将显示正被编辑文件的名称。

9.2 DNS 服务器

9.2.1 DNS 服务

域名服务是 TCP/IP 网络中极其重要的网络服务，其实现域名与 IP 地址之间的转换功能。Internet 域名空间中，域（Domain）是其层次结构的基本单位，任何一个域都属于一个上级域，但可以没有下级域或拥有多个下级域。在同一域中不能有相同的域名，但在不同的域中可以有相同的域名。

整个 Internet 的域名系统采用树状层次结构，从上到下依次为根域、顶级域、二级域、三级域，并依此扩展。顶级域数目有限且不能轻易变动，由 InterNIC（Internet's Network Information Center，因特网信息中心）负责其管理，其相关信息保存于根域服务器。二级域由各顶级域分出，其相关信息保存于顶级域服务器。三级域由各二级域分出，其相关信息保存于二级域服务器，并依此类推。

Internet 中每一台计算机的域名都由一系列用点号分隔的字母段组成，如 www.sina.com，从左到右的字母段依次代表顶级域、二级域的名称。

9.2.2 DNS 服务器类型

为了便于分散管理域名，DNS 服务器以区域为单位管理域名空间。区域是由单个域或具有层次关系的多个子域组成的管理单位。一个 DNS 服务器可以管理一个或多个区域，而一个区域也可由多个 DNS 服务器管理。

目前，Linux 常用的 DNS 服务器软件是 Bind，运行其守护进程 named 可完成网络中的域名解析任务。利用 Bind 软件，可建立如下几种类型的 DNS 服务器：

1．主域名服务器

主域名服务器（Master Server）从管理员创建的本地磁盘文件中加载域信息，是特定域中权威性的信息源。配置 Internet 主域名服务器时需要一整套配置文件，其中包括主配置文件（named.conf），正向域的区域文件、反向域的区域文件、根服务器信息文件（named.ca）。一个域中只能有一个主域名服务器，有时为了分散域名解析任务，还可以创建一个或多个辅助域名服务器。

2．辅助域名服务器

辅助域名服务器（Slave Server）是主域名服务器的备份，具有主域名服务器的绝大部分功能。配置 Internet 辅助域名服务器时只需要配置主配置文件，而不需要配置区域文件。因为区域文件可从主域名服务器转存到辅助域名服务器。

3．缓存域名服务器

缓存域名服务器（Caching Only Server）本身不管理任何域，仅运行域名服务器软件。它从远程服务器获得每次域名服务器查询的回答，然后保存在缓存中，以后查询到相同的信息时可予以回答。配置 Internet 缓存域名服务器时只需要缓存文件。

9.2.3　DNS 服务器的安装与准备

CentOS 6.5 默认不安装 DNS 服务器的软件包 bind。为了提高 DNS 服务的安全性，CentOS 6.5 还提供 bind-chroot 软件包，默认不安装。因此，可采用下列方法安装 DNS 服务器。

- 在网络连接的情况下执行 yum 命令进行安装。

```
[root@centos ~]# yum install  bind
[root@centos ~]# yum install  bind-chroot
```

- 采用光盘安装，将 CentOS 6.5 的 DVD 安装光盘放入光驱，加载光驱后执行安装 bind 相关软件包的 rpm 命令。

```
[root@centos ~]# rpm -ivh  /media/CentOS_6.5_Final /Packages/ bind-9.8.
2-0.17.rc1.el6_4.6.i686.rpm
[root@centos ~]# rpm -ivh /media/CentOS_6.5_Final/Packages/
bind-chroot-9.8.2-0.17.rc1.el6_4.6.i686.rpm
```

- 在网络连接的情况下，桌面环境下运行"添加/删除软件"程序，打开"添加/删除软件"窗口，在左侧选择 Servers 类别的"网络基础设施服务器"软件包集，选中 bind 和 bind-chroot 软件包前的复选框，然后单击"应用"按钮将在线安装相关软件，如图 9-20 所示。

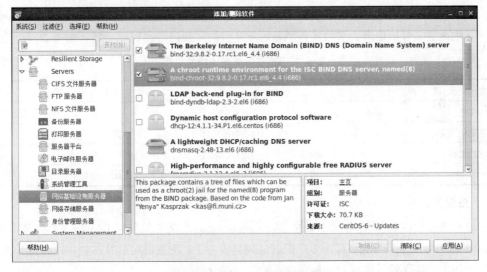

图 9-20　安装 DNS 服务器软件

CentOS 6.5 中与 DNS 服务器密切相关的软件包如下：

- bind-9.8.2-0.17.rc1.el6_4.6.i686.rpm：DNS 服务器软件。
- bind-libs-9.8.2-0.17.rc1_4.6.el6.i686.rpm：DNS 服务器的类库文件，默认安装。
- bind-utils-9.8.2-0.17.rc1_4.6.el6.i686.rpm：DNS 服务器的查询工具，默认安装。
- bind-chroot-9.8.2-0.17.rc1_4.6.el6.i686.rpm：chroot 软件，DNS 服务器的安全保护软件。

为保证 DNS 服务器能发挥作用，必须允许 DNS 服务进程通过防火墙，如图 9-21 所示。

图 9-21　为 DNS 服务器开启防火墙

9.2.4　DNS 服务器配置基础

配置 Internet 的 DNS 服务器时需要使用一组文件，表 9-3 列出与 DNS 服务器配置相关的文件，其中最重要的是主配置文件 named.conf。DNS 服务器的守护进程 named 首先从 named.conf 文件获取其他配置文件的信息，然后才按照各区域文件的设置内容提供域名解析服务。

表 9-3　DNS 服务器的相关文件

文 件 选 项	文 件 名	说 明
主配置文件	/etc/named.conf	用于设置 DNS 服务器的全局参数，并指定区域文件名及其保存路径
根服务器信息文件	/var/named/named.ca	是缓存服务器的配置文件，通常不需要手工修改
正向区域文件	由 named.conf 文件指定	用于实现区域内主机名到 IP 地址的正向解析
反向区域文件	由 named.conf 文件指定	用于实现区域内 IP 地址到主机名的反向解析

1．主配置文件

DNS 服务器软件 bind 的主配置文件为/etc/named.conf，此文件只包括 DNS 服务器的基本配置，说明 DNS 服务器的全局参数，可由多个配置语句组成。每个配置语句后是参数和用大括号括起来的配置子句块。各配置子句也包含相应的参数，并以分号结束。

named.conf 文件中最常用的配置语句为：options 语句和 zone 语句。

（1）options 语句

options 语句定义 DNS 服务器的全局选项。在 named.conf 文件中只能有一个 options 语句，其基本格式为：

```
options {
    配置子句；} ；
```
其中最常用的配置子句为：

- directory "目录名"：区域文件的保存路径，默认为/var/named，通常不需要修改。
- forwaders　IP 地址：将域名查询请求转发给其他 DNS 服务器（IP 地址）。

（2）zone 语句

zone 语句用于定义区域，其中必须说明域名、DNS 服务器的类型和区域文件名等信息，其基本格式为：

```
zone  "域名" {
   type 子句；
   file 子句；
   其他配置子句；ﾞ } ;
```

type 子句说明 DNS 服务器的类型。参数为 master，表示此 DNS 服务器为主域名服务器；参数为 slave，则表示辅助域名服务器。根区域的 type 子句参数为 hint。

file 子句指定区域文件的名称。

named.conf 文件的默认内容如下（省略"/"开头的注释行内容）：

```
options {
        listen-on port 53 {127.0.0.1; };
        listen-on-v6 port 53 { : :1; };
        directory          "/var/named/" ;
        dump-flle          "/var/named/data/cache_dump.db";
        statistics-file    "/var/named/data/named_stats.txt";
        memstatistics-file  "/var/named/data/named_mem_stats.txt";
        allow-query          { localhost;};
        recursion yes;

        dnssec-enable yes;
        dnssec-validation yes;
        dnssec-lookaside auto;

    bindkeys-file "/etc/named.iscdlv.key";
    managed-keys-directory "/var/named/dymanic";
};

logging {
        channel default_debug {
                file "data/named.run";
                severity  dynamic;
        };
};

zone "." {
    type hint;
    file "named.ca";
};

include "/etc/named.rfc1912.zones";
include "/etc/named.root.key";
```

named.conf 文件的默认内容仍不足以实现 DNS 服务功能，在具体配置时，需要根据需要添加 zone 语句。通常 zone 语句成对出现，分别表示域名的正向解析和反向解析。例如：

```
zone "linux.com"{
    type   master;
```

```
        file    "linux.com.zone"; };
zone    "0.120.202.in-addr.arpa" {
        type    master;
file    "202.120.0.rev"; };
```

2. 根服务器信息文件

DNS 服务器总是采用递归式查询，当本地区域文件无法进行域名解析时，将转向根 DNS 服务器查询。因此，在主配置文件中必须定义根区域，并指定根服务器信息文件，如下所示：

```
zone "." {
   type hint;
   file "named.ca"; };
```

虽然根服务器信息文件名可由用户自定义，但是为了管理方便，通常将此文件命名为 named.ca。

3. 正向区域文件

DNS 服务器要发挥域名解析功能，除了需要主配置文件和根服务器信息文件外，还必须有相应的区域文件（正向区域文件和反向区域文件）。一台 DNS 服务器内可以有多个区域文件，同一区域文件也可以存放在多台 DNS 服务器内。正向区域文件实现区域内从域名到 IP 地址的解析，主要由若干个资源记录组成。某 DNS 服务器内的某正向区域文件 linux.com.zone 如下：

```
@             IN      SOA     centos.linux.com.    root.centos.linux.com. (
                                201401
                                 3H
                                15M
                                 1W
                                 1D)
              IN      NS      centos.linux.com.
centos        IN      A       202.120.0.10
ftp           IN      A       202.120.0.15
mail          IN      A       202.120.0.12
www           IN      CNAME   centos
linux.com.    IN      MX      10  mail.linux.com.
```

正向区域文件中可出现如下类型的资源记录：

（1）SOA 记录

SOA（Start Of Authority，授权起始）记录是主域名服务器的区域文件中必不可少的记录，并总是处于区域文件中所有记录的最前面。SOA 记录定义域名的基本信息和属性，其基本格式为：

```
域名  IN  SOA  主机名  管理员电子邮件地址 (
     序列号
     刷新时间
     重试时间
     过期时间
     最小时间 )
```

SOA 记录首先使用"@"符号来指定域名，"@"表示使用 named.conf 文件中 zone 语句定义的域名。然后指定主机名，如 centos.linux.com.，注意此时以"."结尾。这是因为区域文件中规定凡是以"."结束的名称是完整的主机名，而没有"."结束的名称是本区域的相对域名。接着指定管理员的电子邮件地址。由于"@"符号在区域文件中的特殊含义，管理员的电子邮件地址中不能使用"@"符号，而使用"."符号代替。

（）部分指定 SOA 记录各种选项的值，主要用于与辅助域名服务器同步数据。需要注意的是"（"必须和 SOA 写在同一行。

序列号：表示区域文件的内容是否已更新。当辅助域名服务器需要与主域名服务器同步数据时，将比较这个数值。如果此数值比上次更新值的值大，则进行数据同步。序列号可以是任何数字，只要随着区域中记录修改不断增加即可。但是为了方便管理，常见的序列号格式为：年月日当天修改次数，如 201401，表示此区域文件是 2014 年第 1 次修改的版本。

刷新时间：指定辅助域名服务器更新区域文件的时间周期。

重试时间：指定辅助域名服务器如果更新区域文件时出现通信故障，多长时间后重试。

过期时间：指定辅助域名服务器无法更新区域文件时，多长时间后所有资源记录无效。

最小存活时间：指定资源记录信息存放在缓存中的时间。

以上时间的表示方式有两种：

● 数字式：用数字表示，默认单位为秒，如 10800，即 3 小时。

● 时间式：以数字与时间单位结合方式表示，如 3H。

（2）NS 记录

NS（Name Server，名称服务器）记录指明区域中 DNS 服务器的主机名，也是区域文件中不可缺少的资源记录。例如：

```
                IN  NS   centos.linux.com.
linux.com.      IN  NS   centos.linux.com.
```

（3）A 记录

A（Address，地址）记录指明域名与 IP 地址的相互关系，仅用于正向区域文件。通常仅写出完整域名中最左端的主机名。例如：

```
centos          IN  A  202.120.0.10
```

（4）CNAME 记录

CNAME 记录为区域内的主机建立别名，仅用于正向区域文件。别名通常用于一个 IP 地址对应多个不同类型服务器的情况。如下所示，www.linux.com 是主机 centos.linux.com 的别名。

```
www  IN          CNAME centos.linux.com.
```

利用 A 记录也可以实现别名功能，可以让多个主机名对应相同的 IP 地址，假设 www.linux.com 是 centos.linux.com 的别名，则也可表示为：

```
centos          IN   A   202.120.0.10
www             IN   A   202.120.0.10
```

（5）MX 记录

MX 记录用于指定区域内邮件服务器的域名与 IP 地址的相互关系，仅用于正向区域文件。MX 记录中也可指定邮件服务器的优先级别，当区域内有多个邮件服务器时，根据其优先级别决定其执行的先后顺序，数字越小越早执行。假设 linux.com 区域的邮件服务器的域名为 mail.linux.com，优先级别为 10，则表示为：

```
linux.com.      IN   MX   10   mail.linux.com.
```

4．反向区域文件

反向区域文件的结构和格式与正向区域文件类似，其主要实现从 IP 地址到域名的反向解析。

某 DNS 服务器内的某反向区域文件 202.120.0.rev 如下所示：

```
@            IN  SOA  centos.linux.com.  root. centos.linux.com. (
                     201401
                     3H
                     15M
                     1W
                     1D)
             IN  NS   centos.linux.com.
10           IN  PTR  centos.linux.com.
10           IN  PTR  www.linux.com.
12           IN  PTR  mail.linux.com.
15           IN  PTR  ftp.linux.com.
```

反向区域文件中出现如下类型的资源记录：

（1）SOA 记录和 NS 记录

反向区域文件同样必须包括 SOA 和 NS 记录，其结构和形式与正向区域文件完全相同。

（2）PTR 记录

PTR 记录用于实现 IP 地址与域名的逆向映射，仅用于反向区域文件。通常仅写出完整 IP 地址的最后一部分。例如：

```
10  IN  PTR  www.linux.com
```

总之，每一个区域文件都由 SOA 记录开始，并一定包括 NS 记录。对于正向区域文件可能包括 A 记录、MX 记录、CNAME 记录，而反向区域文件包括 PTR 记录。另外，还必须注意区域文件中各行的格式也很重要，一定要用【Tab】键对齐。

9.2.5 配置 DNS 主域名服务器

在此以实例说明配置 DNS 主域名服务器的方法和步骤。

【例 9-11】配置符合以下条件的主域名服务器：

- 域名注册为 example.com，网段地址为 202.127.50.*。
- 主域名服务器的 IP 地址为 202.127.50.100，主机名为 dns.example.com。
- 要解析的服务器有：www.example.com（IP 地址为 202.127.50.100），ftp.example.com（IP 地址为 202.127.50.200）。

配置 DNS 主服务器时必须修改 named.conf 文件，并建立其管辖区域的正向解析文件和反向解析文件，其中反向解析文件虽然不是必需的，但是使用反向解析文件有助于提高解析速度。

- 编辑主配置文件，修改/etc/named.conf 文件中的两条语句，将"listen-on port 53 {127.0.0.1; };"语句修改为 "listen-on port 53 {any; };"；将 "allow-query{ localhost;};" 语句修改为 "allow-query{ any;};"。
- 向主配置文件/etc/named.conf 文件增加如下内容，增加正向和反向区域名以及对应文件。

```
zone  "example.com"{
    type   master;
    file   "example.com.zone"; };
zone  "50.127.202.in-addr.arpa" {
    type   master;
file   "202.127.50.rev"; };
```

- 创建正向区域文件 example.com.zone 文件，并保存于/var/named 目录。文件内容如下：

```
@          IN  SOA  dns.example.com.  root.dns.example.com. (
                    201401
                    3H
                    15M
                    1W
                    1D)
           IN  NS    dns.example.com.
dns        IN  A     202.127.50.100
www        IN  CNAME dns.example.com.
ftp        IN  A     202.127.50.200
```

- 创建反向区域文件 202.127.50.rev 文件，也保存于/var/named 目录。文件内容如下：

```
@          IN  SOA  dns.example.com.  root.dns.example.com. (
                    201401
                    3H
                    15M
                    1W
                    1D)
           IN  NS    dns.example.com.
100        IN  PTR   dns.example.com.
100        IN  PTR   www.example.com.
200        IN  PTR   ftp.example.com.
```

- 启动 DNS 服务。

```
[root@centos ~]# service named start
Generating /etc/rndc.key:                                [ OK ]
Starting named:                                          [ OK ]
```

- 查看/var/log/messages 文件，了解 DNS 服务是否成功启动。有时虽然屏幕显示已正常启动 named 守护进程，但是 DNS 服务器可能仍然存在问题，因此需要查看日志文件，若发现错误问题可及时改正。

9.2.6　测试 DNS 服务器

DNS 服务器是否配置成功，除了查看/var/log/messages 文件外，还可以在 DNS 客户端进行测试。

1. Linux 环境下测试 DNS 服务器

首先要配置 DNS 客户端。直接编辑网卡的配置文件/etc/sysconfig/network-scripts /ifcfg-eth0，其中使用 DNS1 参数指定首选 DNS 服务器的地址，DNS2 参数指定第二 DNS 服务器的地址。例如，某 Linux 计算机的 ifcfg-eth0 文件内容为：

```
DEVICE=eth0
HWADDR=00:OC:29:7B:EC:DC
TYPE=Ethernet
UUID=179273b5-0379-44e1-aaf4-ac3137aff850
ONBOOT=YES
NM_CONTROLLED=YES
BOOTPROTO=dhcp
DNS1=202.127.50.100
```

然后可利用 host 等命令来测试 DNS 服务器的功能。

格式：host　[选项]　主机名|IP 地址

功能：查看域名所对应 IP 地址或查看 IP 地址所对应的域名。

【例 9-12】查看 IP 地址 202.127.50.100 所对应的域名。

```
[jerry@centos ~]$ host 202.127.50.100
100.50.127.202.in-addr.arpa  domain name pointer dns.example.com
100.50.127.202.in-addr.arpa  domain name pointer www.example.com
```

由此可知，www.linux.com 是 dns.linux.com 的别名，其 IP 地址都为 202.120.50.100。

【例 9-13】查看域名 www.linux.com 所对应的 IP 地址。

```
[jerry@centos ~]$ host www.example.com
www.example.com is an alias for dns.example.com.
dns.example.com has address 202.127.50.100
```

2. Windows 环境下测试 DNS 服务器

Windows 环境下测试 DNS 服务器也必须首先配置 DNS 客户端。在 Windows 7 中依次选择"开始"菜单→"控制面板"→"查看网络状态和任务"命令，打开"网络和共享中心"。单击"本地连接"图标，弹出"本地连接 状态"对话框，单击"属性"按钮，弹出"本地连接 属性"对话框，如图 9-22 所示。

选中"Internet 协议版本 4（TCP/IPv4）"复选框，然后单击"属性"按钮，弹出"Internet 协议版本 4（TCP/IPv4）属性"对话框，如图 9-23 所示。

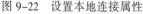

图 9-22　设置本地连接属性

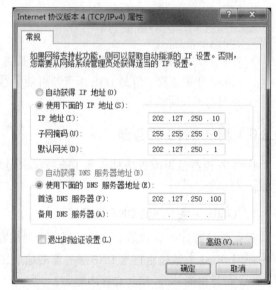

图 9-23　设置 DNS 服务器地址

选中"使用下面的 DNS 服务器地址"单选按钮，在"首选 DNS 服务器"中输入配置成功的 DNS 服务器的 IP 地址即可。配置 DNS 客户端后，在 Windows 7 的开始菜单的"搜索程序和文件"文本框中输入 cmd 命令，打开 MS-DOS 窗口，使用 ping 命令测试域名是否正常解析，如图 9-24 所示。

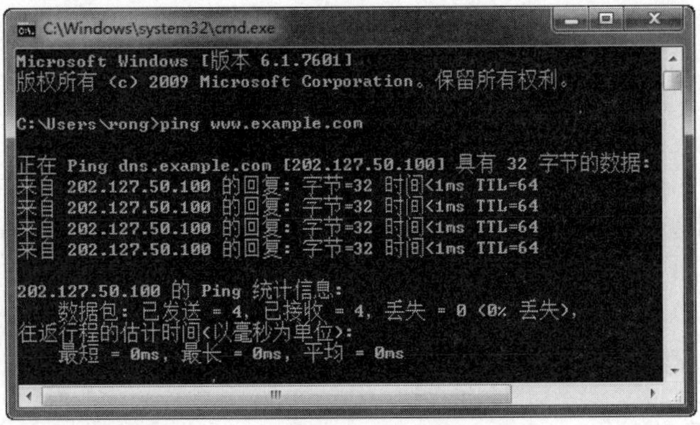

图 9-24　Windows 下测试 DNS 服务器

9.3　WWW 服务器

9.3.1　WWW 服务

目前，Internet 中最热门的服务是 WWW 服务，也称为 Web 服务。WWW 服务系统采用客户机/服务器工作模式，客户机与服务器都遵循 HTTP 协议，默认采用 80 端口进行通信。WWW 服务器的工作模式如图 9-25 所示。

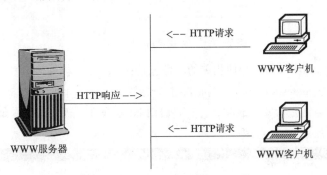

图 9-25　Web 服务器的工作模式

WWW 服务器负责管理 Web 站点的管理与发布，通常使用 Apache、Microsoft IIS 等服务器软件。WWW 客户机利用 Internet Explorer、Firefox 等网页浏览器查看网页。

Apache 是目前架构 WWW 服务器的首选软件，主要是因为 Apache 可运行于 UNIX、Linux 和 Windows 等多种操作系统平台，其功能强大、技术成熟，而且是自由软件，代码完全开放。

Linux 凭借其高稳定性成为架设 WWW 服务器的首选，而基于 Linux 架设 WWW 服务器时通常采用 Apache 软件。

9.3.2　Apache 服务器的安装与准备

CentOS 6.5 默认已安装 Apache 软件包。若未安装可采用下列方法进行安装：

• 在网络连接的情况下执行 yum 命令进行安装。

```
[root@centos ~]# yum install httpd
```

- 采用光盘安装，将 CentOS 6.5 的 DVD 安装光盘放入光驱，加载光驱后执行安装 httpd 相关软件包的 rpm 命令。

```
[root@centos ~]# rpm -ivh  /media/CentOS_6.5_Final/Packages/ httpd-2.2.15-29.
el6.centos.i686.rpm
```

- 在网络连接的情况下，在桌面环境下运行"添加/删除软件"程序，打开"添加/删除软件"窗口，在左侧选择 Web Services 类别下的"万维网服务器"软件包集，选中 httpd 软件包前的复选框，最后单击"应用"按钮即可安装，如图 9-26 所示。

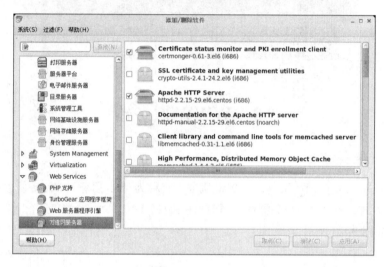

图 9-26　安装 Web 服务器

CentOS 6.5 中与 Apache 服务器密切相关的软件包是：

httpd-2.2.15-29.el6.centos.i686.rpm：Apache 服务器软件。

要测试 Apache 服务器是否安装成功，首先要启动 httpd 服务，然后还必须允许 WWW 服务通过防火墙，如图 9-27 所示。

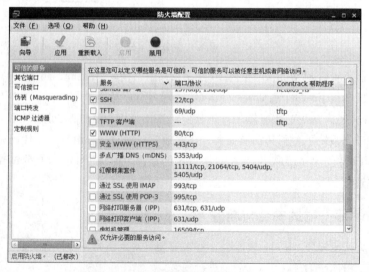

图 9-27　允许 WWW 服务通过防火墙

```
[root@centos ~]# service httpd start
Starting httpd:                                            [ OK ]
```

接着打开 Firefox 浏览器，输入 Linux 服务器的 IP 地址进行访问。若出现的测试页面，则表示 Web 服务器安装正确并运转正常，如图 9-28 所示。

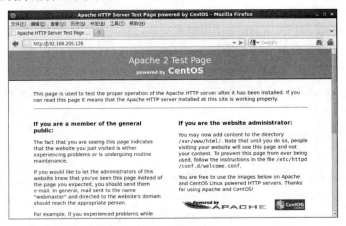

图 9-28　　Apache 测试页面

为保证 WWW 服务器能发挥作用，必须允许 WWW 服务进程通过防火墙。

9.3.3　Apache 服务器配置基础

Apache 服务器的所有配置信息都保存在/etc/httpd/conf/httpd.conf 文件，而根据 Apache 服务器的默认设置，Web 站点的相关文件保存在/var/www 目录，Web 站点的日志文件保存于/var/log/httpd 目录。表 9-4 列出与 Apache 服务器和 Web 站点相关的目录和文件。

表 9-4　与 Apache 服务器和 Web 站点相关的目录和文件

文件/目录名	说　　明
/etc/httpd/conf/httpd.conf	Apache 的配置文件
/var/www/	默认 Web 站点的根目录
/var/www/html	默认 Web 站点 HTML 文档的保存目录
.htaccess	基于目录的配置文件，包含其所在目录的访问控制和认证等参数

httpd.conf 是 Apache 服务器的配置文件，其代码长达千行，其中的参数较为复杂。本书仅选择性介绍最常用的设置选项。

1. httpd.conf 的文件格式

httpd.conf 配置文件主要由三部分组成：全局环境（Section1:Global Environment）、主服务器配置（Section 2:Main Server Configuration）和虚拟主机（Section 3: Virtual Hosts）。每部分都有相应的配置语句。

httpd.conf 文件格式有如下规则：

- 配置语句形式为"参数名称　参数值"。
- 参数值区分大小写。

- 以 "#" 开头的行是注释信息。

虽然配置语句可放置在文件的任何位置，但是为方便管理，最好将配置语句放在其相应的部分。

2. 全局环境

httpd.conf 文件的全局环境（Section1:Global Environment）部分的默认配置，基本能满足用户的需要，用户可能需要修改的全局参数有：

（1）相对根目录

相对根目录是 Apache 存放配置文件和日志文件的目录，默认为/etc/httpd。此目录一般包含 conf 和 logs 子目录。

```
ServerRoot  "/etc/httpd"
```

（2）响应时间

Web 站点的响应时间以秒为单位，默认为 60s。如果超过这段时间仍然没有传输任何数据，那么 Apache 服务器将断开与客户端的连接。

```
Timeout  60
```

（3）保持激活状态

默认不保持与 Apache 服务器的连接为激活状态，通常将其修改为 on，即允许保持连接，以提高访问性能。

```
KeepAlive  off
```

（4）最大请求数

最大请求数是指每次连接可提出的最大请求数量，默认值为 100，设为 0 则无限制。

```
MaxKeepAliveRequests 100
```

（5）保持激活的响应时间

允许保持连接时，可指定连续两次连接的间隔时间，如果超出设置值则被认为连接中断。默认值为 15s。

```
KeepAliveTimeout  15
```

（6）监听端口

Apache 服务器默认监听本机的所有 IP 地址的 80 端口。

```
Listen 80
```

3. 主服务器配置

httpd.conf 配置文件的主服务器配置（Section 2:Main Server Configuration）部分，设置默认 Web 站点的属性，其中可能需要修改的参数如下：

（1）管理员地址

客户端访问 Apache 服务器发生错误时，服务器会向客户端返回错误提示信息，通常包括管理员的 E-mail 地址。默认的 E-mail 地址为 root@主机名，应正确设置此项。

```
ServerAdmin root@centos.example.com
```

（2）服务器名

为方便识别服务器自身的信息，可使用 ServerName 语句来设置服务器的主机名称(域名或 IP 地址)。

```
ServerName  www.example.com
```

（3）主目录

Apache 服务器的主目录默认为/var/www/html，也可根据需要灵活设置。

```
DocumentRoot "/var/www/html"
```

（4）默认文档

默认文档是指在网页浏览器中仅输入 Web 站点的域名或 IP 地址时，默认显示的网页。按照 httpd.conf 文件的默认设置，访问 Apache 服务器时如果不指定网页名称，Apache 服务器默认显示 Web 站点所对应目录中的 index.html 或 index.html.var 文件。

```
DirectoryIndex  index.html index.html.var
```

可根据实际需要修改 DirectoryIndex 语句。若有多个默认文档，各文件之间用空格分隔。Apache 服务器根据文件的先后顺序查找指定的文件。若能找到第一个文件，则直接调用，否则查找第二个文件，依此类推。

根据 WWW 服务器的实际情况修改 httpd.conf 文件中部分参数，重新启动 httpd 守护进程，并将包括 index.html 在内的相关文件复制到指定的 Web 站点根目录（默认为/var/www/ html）即可架设起一个最简单的 WWW 服务器。

实际上，Apache 服务器的功能十分强大，可实现访问控制、认证、用户个人站点、虚拟主机等功能。

9.3.4　访问控制与认证

1. 访问控制

Apache 服务器利用以下 3 个访问控制参数可实现对指定目录的访问控制。

- Deny：拒绝访问列表。
- Allow：允许访问列表。
- Order：指定允许访问列表和拒绝访问列表的执行顺序。

其中，Deny 和 Allow 参数后指定拒绝/允许访问列表。访问列表可使用以下形式：

- all：表示所有客户。
- 域名：表示域内的所有客户，如 linux.com。
- IP 地址：可指定完整的 IP 地址或部分 IP 地址，如 192.168.0.20。

Order 参数只有两种形式：

- Order allow,deny：表示先执行允许访问列表再执行拒绝访问列表，默认情况下将拒绝所有没有明确被允许的客户。
- Order deny,allow：表示先执行拒绝访问列表再执行允许访问列表，默认情况下将允许所有没有明确被拒绝的客户。

2. 认证

虽然 Apache 支持两种认证方式：基本（Basic）认证和摘要（Digest）认证，但是目前通常只使用基本认证，因此在此仅介绍基本认证。Apache 服务器利用以下认证参数，可实现对指定目录的认证控制。用户访问到指定目录的网页文件时必须输入认证用户名和密码，验证成功后才能访问。

- AuthName 认证域名称：用户认证域的名称。
- AuthType Basic|Digest：用户认证的方式，一般只使用 Basic。
- AuthUserFile 文件名：认证用户文件名及其保存路径。
- AuthGroupFile 文件名：认证组群文件名及其保存路径。

使用认证参数后还需要使用 Require 参数进行授权，指定哪些认证用户或认证组群有权访问指定的目录。Require 参数有以下 3 种格式：

- Require 用户名列表：授权给指定的用户。
- Require 组群名列表：授权给指定的组群。
- Require valid-user：授权给认证用户文件中所有的用户。

3．认证用户文件

利用 htpasswd 命令可创建认证用户文件，并设置认证用户。

格式：htpasswd [选项] 认证用户文件名 用户名

功能：设置认证用户及其密码。

主要选项说明：

```
-c        创建指定的认证用户文件
-D        删除指定的认证用户
```

Apache 认证用户名与 Linux 用户名相互独立，无对应关系。

【例 9-14】将 jerry 设置为认证用户，认证用户文件为/var/www/userpass（尚未创建）。

```
[root@centos ~]# htpasswd -c /var/www/userpass jerry
New password:
Re-type new password:
Adding password for user jerry
```

此命令执行后将首先在/var/www 目录下创建认证用户文件 userpass 文件，然后将 jerry 用户名及其密码保存于此。认证用户文件中每行保存一位认证用户的信息，只有两个字段：认证用户名和认证密码，其中认证密码采用 MD5 加密。

【例 9-15】将 helen 设置为认证用户（认证用户文件/var/www/userpass 已存在）。

```
[root@centos ~]# htpasswd /var/www/userpass helen
New password:
Re-type new password:
Adding password for user helen
```

【例 9-16】修改认证用户 jerry 的密码（认证用户文件/var/www/userpass 已存在）。

```
[root@centos ~]# htpasswd /var/www/userpass jerry
New password:
Re-type new password:
Updating password for user jerry
```

【例 9-17】删除认证用户 helen（认证用户文件为 var/www/userpass）。

```
[root@centos ~]# htpasswd -D /var/www/userpass helen
Deleting password for user helen
```

管理员也可以将所有的认证用户划归为多个认证组群。Linux 没有提供创建认证组群文件的命令，管理员可以利用文本编辑器创建和编辑认证组群文件。认证组群文件中每行表示一个组群，其基本格式为："组名:用户名列表"。

4．实现访问控制和认证

Apache 服务器可针对 Web 站点进行访问控制和认证，并可选择使用以下方法来实现。

- 编辑 httpd.conf 文件，直接设置 Web 站点对应目录的访问控制和认证等相关参数。
- 在 Web 站点对应的目录中创建.htaccess 文件，且将访问控制和认证等相关参数保存于此文件。

这两种方法各有优劣，使用.htaccess 文件可以在不重新启动 Apache 服务的情况下改变服务器配置，但是由于 Apache 服务器需要查找.htaccess 文件，将会降低服务器的运行性能。

httpd.conf 文件中 AllowOverride 参数的参数可决定.htaccess 文件是否起效，以及.htaccess 文件中可使用的配置参数。AllowOverride 参数的主要参数为：

- All：启用.htaccess 文件，并且可使用所有的参数。
- None：不使用.htaccess 文件。
- AuthConfig：.htaccess 文件包含认证的相关参数。
- Limit：.htaccess 文件包含访问控制的相关参数。

以下通过实例来说明实现访问控制和认证的两种方法。

【例 9-18】直接编辑 httpd.conf 文件，设置 test 站点（对应/var/www/html/test 目录）只允许认证用户访问。

前提：设置防火墙允许 WWW 服务通过。

- 在/var/www/html 目录下新建 test 目录，并创建 index.html 文件。
- 编辑/etc/httpd/conf/httpd.conf 文件，添加如下内容：

```
<Directory "/var/www/html/test">
    AllowOverride None
    AuthName "share web"
    AuthType Basic
    AuthUserFile /var/www/userpass
    require valid-user
</Directory>
```

- 根据 httpd.conf 的设置内容，创建 Apache 的认证用户文件/var/www/userpass，并设置认证用户，参见例 9-14。
- 重新启动 apache 服务。

```
[root@centos ~]# service httpd restart
Stopping httpd:                              [ OK ]
Starting httpd:                              [ OK ]
```

假设 WWW 服务器的 IP 地址为 192.168.0.10，在 GNOME 桌面环境下访问其 test 站点，打开 Firefox 浏览器，并在地址栏输入 URL 地址 http:// 192.168.0.10/test，弹出"需要验证"对话框，如图 9-29 所示。正确输入认证用户名和密码后显示网站内容，如图 9-30 所示。

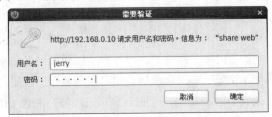

图 9-29　FireFox 用户验证对话框

图 9-30　成功浏览网页

在 Windows 7 中访问 test 站点，启动 IE 浏览器，并在地址栏输入 URL 地址 http://192.168.0.10/test，弹出"Windows 安全"对话框，如图 9-31 所示。正确输入认证用户名和密码后浏览网站内容，否则反复出现登录对话框。而关闭登录对话框，则显示需要用户认证信息，如图 9-32 所示。

图 9-31　IE 用户验证对话框　　　　　　　　　　图 9-32　提示需要进行认证

【例 9-19】创建.htaccess 文件，设置 test 站点（对应/var/www/html/test 目录），禁止 IP 地址为192.168.0.50 的计算机访问。

前提：设置防火墙允许 WWW 服务通过。

- 在/var/www/html 目录下新建 test 目录，并创建 index.html 文件。
- 编辑 httpd.conf 文件，添加如下内容：

```
<Directory "/var/www/html/test">
    AllowOverride All
</Directory>
```

- 在/var/www/html/test 目录下新建 ".htaccess" 文件，其内容如下：

```
        Order allow,deny
        Allow from all
        Deny from 192.168.0.50
```

- 重新启动 httpd 服务。

如果计算机的 IP 地址是 192.168.0.50，访问 test 站点将出现拒绝访问的信息，如图 9-33 所示；而其他 IP 地址的计算机正常访问。

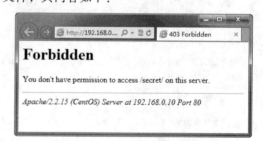

图 9-33　访问被拒绝

9.3.5　个人 Web 站点

配置 Apache 服务器还能让 Linux 的每位用户都能架设其个人 Web 站点。首先要修改 Apache服务器的配置文件 httpd.conf，允许架设个人 Web 站点。

默认情况下用户主目录中的 public_html 子目录是用户个人 Web 站点的根目录。而 public_html目录默认并不存在，因此凡需架设个人 Web 站点的用户都必须新建此目录。

用户主目录的默认权限为 "rwx------"，也就是说除了用户本人以外，其他任何用户都不能进入此目录。为了让用户个人 Web 站点的内容能被浏览，必须修改用户主目录的权限，添加其他用户的执行权限。访问用户的个人 Web 站点时，再输入 "http://IP 地址|域名/~用户名" 格式的 URL地址。

【例 9-20】构架 helen 用户的个人 Web 站点。

- 超级用户修改 httpd.conf 文件，设置 mod_userdir.c 模块的内容，允许用户架设个人 Web 站点。http.conf 文件 mod_userdir.c 模块默认内容如下：

```
<IfModule mod_userdir.c>
    #UserDir is disabled by default since it can confirm the presence
    #of a username on the system (depending on home directory
    #permissions).
    UserDir disable

    #To enable requests to /~user/ to server the user's public_html
    #directory,remove the "UserDir disable" line above,and
    # uncomment the following line instead:
    #UserDir public_html
</IfModule>
```

保留说明语句，将其修改为：

```
<IfModule mod_userdir.c>
    #UserDir is disabled by default since it can confirm the presence
    #of a username on the system (depending on home directory
    #permissions).
    #UserDir disable

    #To enable requests to /~user/ to server the user's public_html
    #directory,remove the "UserDir disable" line above,and
    # uncomment the following line instead:
    UserDir public_html
</IfModule>
```

- 根据实际需要设置用户个人 Web 站点的访问权限，如使用 httpd.conf 文件中个人 Web 站点的默认权限设置，就去除以下内容前的"#"符号。

```
<Directory /home/*/public_html>
    AllowOverride FileInfo AuthConfig Limit
    Options MultiViews Indexes SymLinksIfOwnerMatch IncludesNoExec
        <Limit GET POST OPTIONS>
            Order allow,deny
            Allow from all
        </Limit>
        <LimitExcept GET POST OPTIONS>
            Order deny ,allow
            Deny from all
        </LimitExcept>
    </Directory>
```

- 凡要建立个人 Web 站点的用户都必须在其用户主目录中建立 public_html 子目录，并将相关的网页文件保存于此。

```
[helen@centos ~]$ mkdir public_html
[helen@centos ~]$ cat >public_html/index.html
```

- 修改用户主目录的权限，添加其他用户的执行权限。

```
[helen@centos ~]$ls -l /home
total 8
drwx-------- 3 helen helen 4096 Sep 7 14:00 helen
```

```
[helen@centos ~]$ chmod 701 /home/helen
[helen@centos ~]$ ls -l /home
total 8
drwx------x 3 helen .helen 4096 Sep 7 14:00 helen
```
● 重新启动 httpd 进程后，可访问用户的个人 Web 站点，如图 9-34 所示。

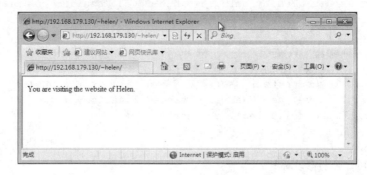

图 9-34　访问 helen 用户的个人 Web 站点

9.3.6　虚拟主机

Apache 服务器还提供虚拟主机功能，允许在一台服务器上设置多个 Web 站点。Aapche 支持两种类型的虚拟主机：基于 IP 地址的虚拟主机和基于域名的虚拟主机。

● 基于 IP 地址的多个虚拟主机使用不同的 IP 地址或者同一 IP 地址的不同端口，可直接使用 IP 地址来访问。

● 基于域名的多个虚拟主机使用同一 IP 地址但域名各不相同。

无论是配置基于 IP 地址的虚拟主机还是配置基于域名的虚拟主机都必须在 httpd.conf 文件中设置 VirtualHost 语句块。VirtualHost 语句块中可设置的参数如下所示，其中 DocumentRoot 参数必不可少。

● ServerAdmin：虚拟主机管理员的 E-mail 地址。

● DocumentRoot：虚拟主机的根目录。

● ServerName：虚拟主机的名称和端口。

1. 基于 IP 地址的虚拟主机

（1）利用相同 IP 地址的不同端口设置虚拟主机

由于使用不同的端口，因此必须使用 Listen 参数来监听指定的端口。

【例 9-21】某主机 IP 地址为 192.168.179.130，要求设置两个虚拟主机，分别使用 8000 和 8888 端口，对应着/var/www 的 vhost-ip1 目录和 vhost-ip2 目录。

● 编辑 httpd.conf 文件向其添加如下内容：
```
Listen 8000
Listen 8888
  <VirtualHost 192.168.179.130:8000>
    DocumentRoot /var/www/vhost-ip1
  </VirtualHost>
  <VirtualHost  192.168.179.130:8888>
    DocumentRoot /var/www/vhost-ip2
   </VirtualHost>
```

- 在/var/www 目录分别建立 vhost-ip1 和 vhost-ip2 目录，并分别在两个目录中创建 index.html 文件。
- 重新启动 httpd 守护进程后，可输入"http://IP 地址:端口号"形式的 URL 访问虚拟主机，如图 9-35 和图 9-36 所示。

图 9-35　访问端口号为 8080 的虚拟主机

图 9-36　访问端口号为 8888 的虚拟主机

配置基于 IP 地址不同端口的虚拟主机时，必须设置防火墙。其次，必须允许外部访问 8000 和 8888 端口。

（2）利用不同的 IP 地址设置虚拟主机

在一台计算机上配置多个 IP 地址有两种方法：

- 安装多块物理网卡，并对每块网卡设置不同的 IP 地址。
- 安装一块物理网卡，创建多个设备别名，分别设置不同的 IP 地址。

【例 9-22】 某主机 IP 地址为 192.168.179.100，要求设置两个虚拟主机，分别使用 192.168.179.100 和 192.168.179.200 两个 IP 地址，对应着/var/www 的 vhost-ip3 目录和 vhost-ip4 目录。

- 创建两个设备别名，并设置其 IP 地址。

```
[root@centos ~]# ifconfig eth0:0  192.168.179.100
[root@centos ~]# ifconfig eth0:1  192.168.179.200
```

- 编辑 httpd.conf 文件，向其添加如下内容：

```
<VirtualHost 192.168.179.100>
   DocumentRoot /var/www/vhost-ip3
</VirtualHost>
<VirtualHost  192.168.179.200>
   DocumentRoot /var/www/vhost-ip4
</VirtualHost>
```

- 在/var/www 目录下分别建立 vhost-ip3 和 vhost-ip4 目录，并分别在两个目录中创建 index.html 文件。
- 重新启动 httpd 守护进程后，可输入"http://IP 地址"形式的 URL 访问虚拟主机，如图 9-37 和图 9-38 所示。

图 9-37　访问 192.168.179.100 的虚拟主机

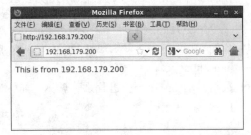

图 9-38　访问 192.168.179.200 的虚拟主机

2. 基于域名的虚拟主机

配置基于域名的虚拟主机时，必须向 DNS 服务器注册域名，否则无法访问到虚拟主机。

【例 9-23】某主机的 IP 地址为 192.168.179.100，主机名为 centos.example.com，要求设置两个虚拟主机，其域名分别是 service.example.com 和 product.example.com，对应着 /var/www 的 vhost-service 目录和 vhost-product 目录。

- DNS 服务器管理员向正向区域文件中添加 A 记录，说明域名 service.example.com 和 product.example.com 与 IP 地址 192.168.179.100 的对应关系。

```
@  IN        SOA        centos.example.com.   root.centos.example.com. (
             2014
             1H
             15M
             1W
             1D )
             IN    NS          centos
centos       IN    A           192.168.179.100
service      IN    A           192.168.179.100
product      IN    A           192.168.179.100
```

- DNS 服务器管理员向反向区域文件增加 PTR 记录，说明 IP 地址 192.168.179.100 和域名 service.example.com 及 product.example.com 的对应关系。

```
@   IN       SOA        centos.example.com. root.centos.example.com. (
             2014
             1H
             15M
             1W
             1D )
             IN    NS          centos.example.com.
100          IN    PTR         centos.example.com.
100          IN    PTR         service.example.com.
100          IN    PTR         product.example.com.
```

- 重新启动 named 守护进程。
- 编辑 httpd.conf 文件，向其添加如下内容：

```
NameVirtualHost 192.168.179.100
<VirtualHost 192.168.179.100>
   DocumentRoot /var/www/vhost-service
   ServerName  service.example.com
</VirtualHost>
<VirtualHost  192.168.179.100>
   DocumentRoot /var/www/vhost-product
   ServerName  product.example.com
</VirtualHost>
```

- 在 /var/www 目录下分别建立 vhost-service 和 vhost-product 目录，并分别在两个目录中创建 index.html 文件。
- 重新启动 httpd 守护进程后，输入 "http://域名" 形式的 URL 访问虚拟主机，如图 9-39 所示。

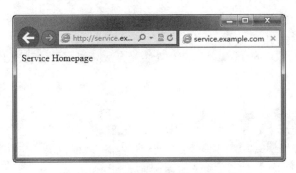

图 9-39　访问基于域名的虚拟主机

　　基于不同 IP 地址的虚拟主机，如果 DNS 服务器提供域名解析，也可以利用域名来进行访问，与基于域名的虚拟主机功能相似。但是，基于不同 IP 地址设置虚拟主机时，每增加一个虚拟主机就必须增加一个 IP 地址，造成 IP 地址的浪费。因此，实际应用中主要采用基于域名的方式设置虚拟主机。

9.4　FTP 服务器

9.4.1　FTP 服务

　　虽然用户可采用多种方式来传送文件，但是 FTP 凭借其简单高效的特性，仍然是跨平台直接传送文件的主要方式。与大多数的 Internet 服务一样，FTP 服务也采用客户机/服务器模式。用户利用 FTP 客户机程序连接到远程 FTP 服务器，FTP 服务器执行用户所发出的命令，并将执行结果返回给客户机。

　　在此过程中，FTP 服务器与 FTP 客户机之间建立两个连接：控制连接和数据连接。控制连接用于传送 FTP 命令以及响应结果，而数据连接负责传送文件。通常，FTP 服务器的守护进程总是监听 21 端口，等待控制连接的建立请求。控制连接建立之后 FTP 服务器验证用户的身份之后才会建立数据连接。FTP 服务器的工作模式如图 9-40 所示。

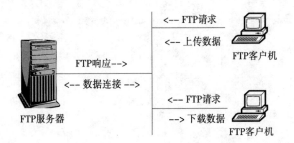

图 9-40　FTP 服务器的工作模式

9.4.2　Vsftpd 服务器的安装与准备

　　Vsftpd 是 Linux 中 FTP 服务器软件，其基于 GPL 协议开发，功能强大。CentOS 6.5 默认不安装 Vsftpd 服务器，可采用下列方法进行安装：

- 在网络连接的情况下执行 yum 命令进行安装。

```
[root@centos ~]# yum install vsftpd
```

- 采用光盘安装，将 CentOS 6.5 的 DVD 安装光盘放入光驱，加载光驱后执行安装 bind 相关软件包的 rpm 命令。

```
[root@centos ~]# rpm-ivh /media/CentOS_6.5_Final/Packages/ vsftpd-2.2.2-11.
el6_4.1.i686.rpm
```

- 在网络连接的情况下，在桌面环境中运行"添加/删除软件"程序，打开"添加/删除软件"窗口，在左侧选择 Servers 类别下的"FTP 服务器"软件包集，选中 vsftpd 软件包前的复选框，单击"应用"按钮即可，如图 9-41 所示。

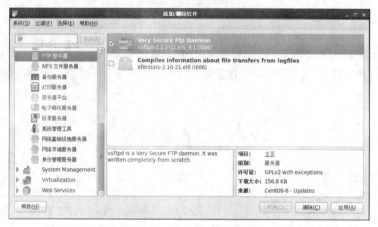

图 9-41　安装 FTP 服务器

CentOS 6.5 中与 FTP 服务器密切相关的软件包是：

vsftpd-2.2.2-11.el6_4.1.i686.rpm：Vsftpd 服务器软件。

为保证 WWW 服务器能发挥作用，必须允许 WWW 服务进程通过防火墙，如图 9-42 所示。

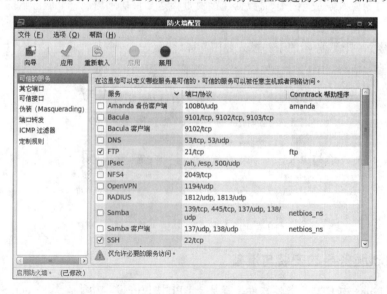

图 9-42　"防火墙配置"窗口

9.4.3 Vsftpd 服务器配置基础

表 9-5 列出与 Vsftpd 服务器相关的文件和目录,其中最重要的是主配置文件 vsftpd.conf。vsftpd 守护进程运行时,首先从 vsftpd.conf 文件获取配置信息,然后配合 ftpusers 和 user_list 文件决定可访问的用户列表。

表 9-5 与 Vsftpd 服务器相关的文件和目录

文件/目录名	说　　明
/etc/vsftpd/vsftpd.conf	Vsftpd 服务器的配置文件
/etc/vsftpd/ftpusers	禁止访问 Vsftpd 服务器的用户列表
/etc/vsftpd/user_list	许可或禁止访问 Vsftpd 服务器的用户列表文件
/var/ftp	匿名用户的默认文件目录

1.Vsftpd 服务器的用户

Vsftpd 服务器的用户主要可分为两类:本地用户和匿名用户。

- 本地用户是在 Vsftpd 服务器上拥有账号的用户。本地用户输入自己的用户名和密码后可登录 Vsftpd 服务器,并且直接进入该用户的主目录。
- 匿名用户在 Vsftpd 服务器上没有账号。如果 Vsftpd 服务器提供匿名访问功能,那么输入匿名用户名(ftp 或 anonymous),然后输入用户的 E-mail 地址作为密码进行登录。甚至不输入密码也可以登录。匿名用户登录系统后,进入匿名 FTP 服务目录/var/ftp。

2.vsftpd.conf 文件

vsftpd.conf 文件决定 Vsftpd 服务器的主要功能,其格式有如下规则:

- 配置语句形式为“参数名称=参数值”。
- 以“#”开头的行是注释信息。

vsftpd.conf 文件中可定义多个配置参数,表 9-6 列出了最常用的部分配置参数。

表 9-6 Vsftpd 服务器的主要配置参数

参　数　名	说　　明
anonymous_enable	是否允许匿名登录,默认为 YES
local_enable	是否允许本地用户登录,默认为 YES
write_enable	是否开放写入权限,默认为 YES
local_umask	文件创建的初始权限,默认为 022,也就是说创建目录权限默认为 755,文件为 644
dirmessage_enable	是否能够浏览目录内的信息,默认为 YES
userlist_enable	是否启用 user_list 文件,默认为 YES
listen	Vsftpd 服务器的运行方式,默认为 YES,即以独立方式运行
xferlog_enable	是否启用日志功能,默认为 YES
xferlog_std_format	是否采用标准日志格式,默认为 YES
connetct_from_port_20	是否启用 20 端口进行数据连接,默认为 YES
pam_service_name	验证方式,默认为 vsftpd,不需要修改
tcp_wrapper	是否启用防火墙,默认为 YES

vsftpd.conf 文件的默认内容如下（省略"#"开头的注释行内容）：

```
anoymous_enable=YES
local_enable=YES
write_enable=YES
local_umask=022
dirmessage_enable=YES
xferlog_enable=YES
connect_from_port_20=YES
xferlog_std_format=YES
listen=YES

pam_service_name=vsftpd
userlist_enable=YES
tcp_wrapper=YES
```

根据 Vsftpd 服务器的默认设置，本地用户和匿名用户都可以登录。本地用户默认进入其个人主目录，并可以切换到其他有权访问的目录，还可上传和下载文件。匿名用户只能下载/var/ftp/目录下的文件。/var/ftp/目录默认无任何文件。

3. ftpusers 文件

/etc/vsftpd/ftpusers 用于指定不能访问 Vsftpd 服务器的用户列表。此文件在格式上采用每个用户一行的形式，其包含的用户通常是 Linux 系统的超级用户和系统用户。ftpusers 文件的默认内容如下：

```
root
bin
daemon
adm
lp
sync
shutdown
halt
mail
news
uucp
operator
games
nobody
```

4. user_list 文件

同样处于/etc/vsftpd 目录的 user_list 文件中也保留用户列表，其是否起效取决于 vsftpd.conf 文件中的 userlist_deny 参数。当 userlist_deny=YES 时，user_list 文件中的用户无权访问 Vsftpd 服务器，甚至连密码都不能输入。而如果 userlist_deny=NO 时，只有 user_list 文件中的用户才有权访问 Vsftpd 服务器。

9.4.4 配置 Vsftpd 服务器

1. 设置匿名用户的权限

根据 Vsftpd 服务器的默认设置，匿名用户可下载/var/ftp/目录中的所有文件，但是不能上传文件。vsftpd.conf 文件中 "write_enable=YES" 设置语句存在的前提下，取消以下命令行前的 "#" 符号可增加匿名用户的权限。

```
anon_upload_enable=YES          允许匿名用户上传文件
anon_mkdir_write_enable=YES     允许匿名用户创建目录
```

同时还必须修改上传目录的权限，增加其他用户的写权限，否则仍然无法上传文件和创建目录。

【例 9-24】配置 vsftpd 服务器，要求只允许匿名用户登录。匿名用户可在/var/ftp/pub 目录中新建目录、上传和下载文件。

- 编辑 vsftpd.conf 文件，使其一定包括以下命令行：

```
anonymous_enable=YES
local_enable=NO
write_enable=YES
anon_upload_enable=YES
anon_mkdir_write_enable=YES
connect_from_port_20=YES
listen=YES
tcp_wrappers=YES
```

- 修改/var/ftp/pub 目录的权限，允许其他用户写入文件。

```
[root@centos ~]# cd /var/ftp
[root@centos ftp]# ls -l
 total 4
 drwxr-xr-x 2 root root 4096 Jan 18 pub
[root@centos ftp]# chmod 777 pub
[root@centos ftp]# ls -l
 total 4
 drwxrwxrwx 2 root root 4096 Jan 18  pub
```

- 重新启动 vsftpd 服务。

```
[root@centos ~]# service vsftpd restart
Shutting down vsftpd:                          [ OK ]
Starting vsftpd for vsftpd:                    [ OK ]
```

2. 限定本地用户

Vsftpd 服务器提供多种方法限制某些本地用户登录服务器。

- 直接编辑 ftpusers 文件，将禁止登录的用户名写入 ftpusers 文件。
- 直接编辑 user_list 文件，将禁止登录的用户名写入 user_list 文件。此时，vsftpd.conf 文件应设置 "userlist_enable=YES" 和 "userlist_deny=YES" 语句，则 user_list 文件中指定的用户不能访问 FTP 服务器。
- 直接编辑 user_list 文件，将允许登录的用户名写入 user_list 文件，此时 vsftpd.conf 文件中设置 "userlist-enable=YES" 和 "userlist_deny=NO" 语句，则只允许 user_list 文件中指定的用户访问 FTP 服务器。此时，如果某用户同时出现在 user_list 和 ftpusers 文件中，那么该用户将不被允许登录。这是因为 Vsftpd 总是先执行 user_list 文件，再执行 ftpusers 文件。

【例 9-25】配置 vsftpd 服务器，只允许本地用户使用，但禁止 helen 用户登录。

- 编辑 vsftpd.conf 文件，开启本地用户功能，关闭匿名功能。

```
anonymous_enable=NO
local_enable=YES
```

- 编辑 user_list 文件，使其一定包括 helen。
- 重新启动 vsftpd 服务。

3．禁止切换到其他目录

根据 Vsftpd 服务器的默认设置，本地用户可切换到其主目录以外的其他目录进行浏览，并在权限许可的范围内进行上传和下载。这样的默认设置不太安全，通过设置 chroot 相关参数，可禁止用户切换到主目录以外的目录。

（1）设置所有的本地用户都不可切换到主目录以外的目录

只需要向 vsftpd.conf 文件添加"chroot_local_user=YES"配置语句。

（2）设置指定的用户不可切换到主目录以外的目录

- 编辑 vsftpd.conf 文件，取消以下配置语句前的"#"符号，指定/etc/vsftpd/ chroot_list 文件中的用户不能切换到主目录以外的目录。

```
chroot_list_enable=YES
chroot_list_file=/etc/vsftpd/chroot_list
```

并且检查 vsftpd.conf 文件中是否存在"chroot_local_user=YES"配置语句。若存在，将其修改为"chroot_local_user=NO"或者在此配置语句前添加"#"符号。

- 在/etc 目录下创建 chroot_list 文件，其文件格式与 user_list 相同，每个用户占一行。

4．设置欢迎信息

编辑 vsftpd.conf 文件的 ftpd_banner 参数可设置用户连接到 Vsftpd 服务器后出现的欢迎信息。ftpd_banner 所在行默认为注释行，如下所示：

```
ftpd_banner=Welcome to blah FTP Service
```

去除行首的"#"符号，则用户连接到 Vsftpd 服务器后将显示 Welcome to FTP Service 信息，也可根据需要修改。

9.4.5　测试 Vsftpd 服务器

FTP 客户机程序种类繁多，既有命令行程序也有窗口界面的程序（如 Windows 中的 CuteFTP、LeapFTP；Linux 中的 gFTP）。在此介绍 Windows 环境和 Linux 环境都可以使用的 ftp 命令行程序。

1．安装 ftp 命令行程序

CentOS 6.5 默认不安装 ftp 命令行程序，可采用以下方法进行安装。

- 在网络连接的情况下执行 yum 命令进行安装。

```
[root@centos ~]#yum install ftp
```

- 采用光盘安装，将 CentOS 6.5 的 DVD 安装光盘放入光驱，加载光驱后执行安装 ftp 软件包的 rpm 命令。

```
[root@centos ~]# rpm -ivh /media/CentOS_6.5_Final/Packages/ ftp-0.17-54.el6.i686.rpm
```

- 在网络连接的情况下，桌面环境中运行"添加/删除软件"程序，打开"添加/删除软件"窗口，从左侧选择 Base System 类别的"控制台互联网工具"软件包集，选中 ftp 软件包前的复选框，并单击"应用"按钮即可，如图 9-43 所示。

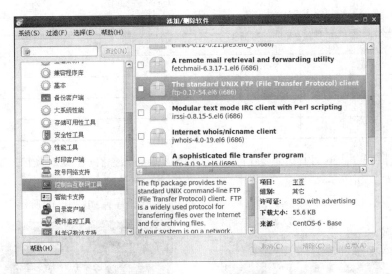

图 9-43　安装 FTP 命令程序

2. 利用 ftp 命令行程序测试

格式：ftp　[域名|IP 地址]　[端口号]

功能：启动 ftp 命令行工具。如果指定 FTP 服务器的域名或 IP 地址，则建立与 FTP 服务器的连接。否则，在 ftp 提示符后，输入"open 域名|IP 地址"格式的命令才能建立与指定 FTP 服务器的连接。

与 FTP 服务器建立连接后，用户需要输入用户名和密码，验证成功后用户才能对 FTP 服务器进行操作。无论验证成功与否，都将出现 ftp 提示符"ftp >"，等待用户输入相应的子命令。表 9-7 列出 ftp 命令行程序的常用子命令。

表 9-7　ftp 命令行程序子命令

命　令　名	说　　明
? 或 help	列出 ftp 提示符后可用的所有命令
open　域名|IP 地址	建立与指定 FTP 服务器的连接
close	关闭与 FTP 服务器的连接，ftp 命令行工具仍可用
ls	查看 FTP 服务器当前目录的文件
cd　目录名	切换到 FTP 服务器中指定的目录
pwd	显示 FTP 服务器的当前目录
mkdir　[目录名]	在 FTP 服务器新建目录
rmdir　目录名	删除 FTP 服务器中的指定目录，要求此目录为空
rename　新文件名　源文件名	更改 FTP 服务器中指定文件的文件名
delete　文件名	删除 FTP 服务器中指定的文件
get　文件名	从 FTP 服务器下载指定的一个文件
mget　文件名列表	从 FTP 服务器下载多个文件，可使用通配符
put　文件名	向 FTP 服务器上传指定的一个文件
mput　文件名列表	向 FTP 服务器上传多个文件，可使用通配符

续表

命 令 名	说　明
lcd	显示本地机的当前目录
lcd　目录名	将本地工作目录切换到指定目录
! 命令名 [选项]	执行本地机中可用的命令
bye 或 quit	退出 ftp 命令行工具

　　【例 9-26】在 Windows 计算机上以匿名用户身份登录 Vsftp 服务器（IP 地址为 192.168.179.50），查看可下载的文件，如图 9-44 所示。

　　【例 9-27】下载 PrintChar.java 文件，并退出 ftp 命令行程序，如图 9-45 所示。

图 9-44　登录 Vsftp 服务器并查看文件　　　　　　　图 9-45　下载文件

小　结

　　CentOS 6.5 中利用 Samba 软件可架设 Samba 服务器，以实现网络中不同类型计算机之间文件和打印机的共享。Samba 服务器的配置取决于/etc/samba/smb.conf 文件。最常使用的 Samba 服务器采用共享级别或用户级别。

　　CentOS 6.5 中利用 Bind 软件可架设不同类型的 DNS 服务器。对于主域名服务器而言，必须配置主配置文件/etc/named.conf、正向区域文件和反向区域文件。named.conf 文件定义域名服务器的基本信息，以及区域文件的文件名和保存路径。区域文件定义域名与 IP 地址的相互映射关系，主要由多个资源记录组成。区域文件总由 SOA 记录开始，并一定包含 NS 记录。正向区域文件可能包括 A 记录、MX 记录、CNAME 记录，而反向区域文件包括 PTR 记录。

　　CentOS 6.5 中利用 Apache 软件可架设 WWW 服务器，其配置文件为/etc/httpd/conf/ httpd.conf。根据 Apache 的默认设置，默认 Web 站点的相关文件保存在/var/www 目录。Apachek 可对 Web 站点实施访问控制和认证。即可以在 httpd.conf 文件中直接设置相关参数，也可以在 Web 站点对应的目录中新建.htaccess 文件，保存相关设置参数。利用 Aapche 还可以配置两种类型的虚拟主机：

基于 IP 地址和基于域名的虚拟主机。

CentOS 6.5 中利用 vsftpd 软件可架设 FTP 服务器，其主配置文件为/etc/vsftpd/ vsftpd.conf。编辑 vsftpd.conf 文件可设置 Vsftpd 服务器的相关功能。

习　题

选择题

1. 下列哪个文件是 Samba 服务器的配置文件？　　　　　　　　　　　　　　（　　）

    A. /etc/samba/httpd.conf　　　　　　　　B. /etc/inetd.conf

    C. /etc/samba/rc.samba　　　　　　　　　D. /etc/samba/smb.conf

2. Samba 服务器的默认安全级别是什么？　　　　　　　　　　　　　　　　（　　）

    A. share　　　　　　B. user　　　　　　C. server　　　　　D. domain

3. 手工修改 smb.conf 文件后，使用以下哪个命令可测试其正确性？　　　　（　　）

    A. smbpasswd　　　B. smbstatus　　　　C. smbclient　　　D. testparm

4. 主机域名为 www.tlinuxpro.com.cn，对应的 IP 地址是 192.168.0.10，那么此域的反向解析域的名称是什么？　　　　　　　　　　　　　　　　　　　　　　　　（　　）

    A. 192.168.0.in-addr.arpa　　　　　　　B. 9.0.168.192

    C. 0.168.192-addr.arpa　　　　　　　　　D. 9.0.168.192.in-addr.arpa

5. DNS 配置文件中哪个关键字用于表示某主机别名？　　　　　　　　　（　　）

    A. NS　　　　　　　B. CNAME　　　　　C. NAME　　　　　D. CN

6. 配置 DNS 服务器的反向解析时，设置 SOA 和 NS 记录后，还需要添加何种记录？

    　　　　　　　　　　　　　　　　　　　　　　　　　　　　　　　（　　）

    A. SOA　　　　　　B. CNAME　　　　　C. A　　　　　　　D. PTR

7. SOA 记录需指定管理员邮箱地址 root@mail. tlinuxpro.com.cn，以下哪种格式是正确的？

    　　　　　　　　　　　　　　　　　　　　　　　　　　　　　　　（　　）

    A. root@tlinuxpro.com.cn .　　　　　　　B. root.mail.tlinuxpro.com.cn .

    C. root_mail.tlinuxpro.com.cn .　　　　　D. root-mail.tlinuxpro.com.cn .

8. Apache 配置文件中定义网站文件所在目录的选项是哪个？　　　　　　　（　　）

    A. Directory　　　B. DocumentRoot　　C. ServerRoot　　D. DirectoryIndex

9. Apache 配置文件中部分如下，将会发生什么情况？　　　　　　　　　　（　　）

```
<Directory /www>
    Order allow,deny
    deny from 192.168.0.
</Directory>
```

    A. IP 地址为 192.168.0.3 的主机能访问/www 目录

    B. IP 地址为 192.168.1.3 的主机不能访问/www 目录

    C. IP 地址为 192.168.0.3 的主机不能访问整个服务器

    D. IP 地址为 192.168.1.3 的主机不能访问整个服务器

10. 要启用.htaccess 文件来实现访问控制，需将 AllowOverride 参数设置为什么？　　（　　）

    A. All　　　　　　　　B. None　　　　　　　　C. AuthConfig　　　　D. Limit

11. httpd.conf 文件中的 UserDir public_html 语句有何意义？　　　　　　　　　（　　）

    A. 指定用户的网页目录　　　　　　　　B. 指定用户保存网页的目录

    C. 指定用户的主目录　　　　　　　　　D. 指定用户下载文件的目录

12. httpd.conf 文件中部分内容如下所示，以下说法中正确的是哪个？　　　　　（　　）

```
<Directory /home/ht >
  Options Indexes FollowSymLinks
  AllowOverride None
  Order deny,allow
  deny from all
  allow from 192.168.1.5
</Directory>
```

    A. 需要使用.htaccess 文件来进行访问控制

    B. 只有 IP 地址为 192.168.1.5 的主机可访问/home/ht 的内容

    C. 除了 IP 地址为 192.168.1.5 的主机都可访问/home/ht 的内容

    D. 需要使用.htaccess 文件来进行认证

13. Vsftpd 服务器为匿名服务器时，匿名用户可从哪个目录下载文件？　　　　　（　　）

    A. /var/ftp　　　　　B. /etc/vsftpd　　　　　C. /etc/ftp　　　　　D. /var/vsftp

14. 暂时退出 FTP 命令回到 Shell 中时应输入以下哪个命令？　　　　　　　　　（　　）

    A. exit　　　　　　　B. Close　　　　　　　C. !　　　　　　　　D. quit

参 考 文 献

[1] 李蔚泽. Red Hat 7.2 系统管理[M]. 北京：清华大学出版社，2002.

[2] 应吉康，谢蓉，等. 计算机应用教程：Linux 基础[M]. 上海：复旦大学出版社，2001.

[3] 谢蓉. Linux 基础教程实验指导[M]. 上海：上海交通大学出版社，2002.

[4] 梁如军，解宇杰，等. Red Hat Linux 9 桌面应用[M]. 北京：机械工业出版社，2004.

[5] 梁如军，从日权，等. Red Hat Linux 9 网络服务[M]. 北京：机械工业出版社，2004.

[6] 金洁珩，王娟，等. Red Hat Linux 9 系统管理[M]. 北京：机械工业出版社，2004.

[7] 朱居正，高冰，等. Red Hat Linux Fedora Core 4 基础教程[M]. 北京：清华大学出版社，2005.

[8] 林惠琛，等. Red Hat Linux 服务器配置与应用[M]. 北京：人民邮电出版社，2006.

[9] 谢蓉. Linux 基础及应用[M]. 北京：中国铁道出版社，2008.

[10] 谢蓉. Linux 基础及应用习题解析与实验指导[M]. 北京：中国铁道出版社，2008.